ENCYCLOPÉDIE-RORET.

NÉGOCIANT D'EAU-DE-VIE.

LIQUORISTE,

MARCHAND DE VIN DISTILLATEUR.

LIBRAIRIE ENCYCLOPÉDIQUE DE RORET.

MANUEL DU DISTILLATEUR ET LIQUORISTE, par M. LEBEAU et M. JULIA DE FONTENELLE. 1 vol. de 491 pages, orné de fig. 3 fr. 50

— DISTILLATION DE L'EAU-DE-VIE DE POMMES DE TERRE ET DE BETTERAVES, par MM. HOURIER et MALEPEYRE. 1 vol. avec figures. 1 fr. 50

CORDON BLEU (le), nouvelle Cuisinière bourgeoise, rédigée et mise par ordre alphabétique, par mademoiselle MARGUERITE, 12e édition, considérablement augmentée. 1 vol. in-18. . . . . 1 fr.

— CUISINIER ET CUISINIÈRE, à l'usage de la ville et de la campagne, par M. CARDELLI. 1 gros vol. de 464 pag., orné de fig. 2 fr. 50

— GOURMANDS (des) ou l'Art de faire les honneurs de sa table, par CARDELLI. 1 vol. . . . . 3 fr.

— MAITRE D'HOTEL, ou Traité complet des menus, mis à la portée de tout le monde, par M. CHEVRIER. 1 vol. orné de fig. 3 fr.

— MAITRESSE DE MAISON ET MÉNAGÈRE PARFAITE, par madame CELNART. 1 vol. . . . . 2 fr. 50

— ÉCONOMIE DOMESTIQUE, contenant toutes les recettes les plus simples et les plus efficaces, par Mme CELNART. 1 vol. 2 fr. 50

— PARFUMEUR, par Mme CELNART. 1 vol. . . . . 2 fr. 50

— DU PATISSIER ET PATISSIÈRE, ou Traité complet et simplifié de Pâtisserie de ménage, de boutique et d'hôtel, par M. LEBLANC. 1 vol. . . . . 2 fr. 50

— BRASSEUR, ou l'Art de faire toutes sortes de Bières, par M. VERGNAUD. 1 volume. . . . . 3 fr.

— CIDRE ET POIRÉ (Fabricant de), avec les moyens d'imiter, avec le suc de pomme ou de poire, le Vin de raisin, l'Eau-de-Vie et le Vinaigre de vin, par M. DUBIEF. 1 vol. avec figures. . 2 fr. 50

— LIMONADIER, Glacier, Chocolatier et Confiseur, par MM. CARDELLI, LIONNET-CLÉMANDOT et JULIA DE FONTENELLE. 1 gros vol. de 516 pages. . . . . 3 fr. 50

— VINS DE FRUITS (Art de faire les), concernant l'art de faire le Cidre, le Poiré, les Arômes, le Sirop et le sucre de pommes de terre, etc., par MM. ACCUM, GUIL., et MALEPEYRE. 1 vol. . 1 fr. 80

— VIGNERON FRANÇAIS, ou l'Art de cultiver la Vigne, de faire les Vins, les Eaux-de-Vie et Vinaigres, par M. THIÉBAUT DE BERNEAUD. 1 vol. avec Atlas. . . . . 3 fr. 50

— VINAIGRIER ET MOUTARDIER, par M. JULIA DE FONTENELLE. 1 vol. avec planches. . . . . 3 fr.

— VINS (Marchand de), Débitants de boissons et Jaugeages, par M. LAUDIER. 1 vol. avec planches. . . . . 3 fr.

— FALSIFICATIONS DES DROGUES simples et composées, par M. PÉDRONI, professeur. 1 vol. orné de figures. . . . . 2 fr. 50

BAR-SUR-SEINE. — IMP. SAILLARD.

MANUELS-RORET.

PETIT MANUEL
DU
NÉGOCIANT D'EAU-DE-VIE
LIQUORISTE
MARCHAND DE VIN ET DISTILLATEUR

PAR MESSIEURS
RAVON ET MALEPEYRE.

NOUVELLE ÉDITION,
REVUE, CORRIGÉE ET AUGMENTÉE.

PRIX : 75 CENTIMES.

PARIS
A LA LIBRAIRIE ENCYCLOPÉDIQUE DE RORET,
RUE HAUTEFEUILLE, 12.

AVIS.

Le mérite des ouvrages de l'**Encyclopédie-Roret** leur a valu les honneurs de la traduction, de l'imitation et de la contrefaçon. Pour distinguer ce volume, il porte la signature de l'Editeur, qui se réserve le droit de le faire traduire dans toutes les langues, et de poursuivre, en vertu des lois, décrets et traités internationaux, toutes contrefaçons et toutes traductions faites au mépris de ses droits.

Le dépôt légal de ce Manuel a été fait dans le cours du mois de novembre 1858, et toutes les formalités prescrites par les traités ont été remplies dans les divers Etats avec lesquels la France a conclu des conventions littéraires.

Roret

(C.)

TABLE DES MATIÈRES.

FIN DE LA TABLE.

PETIT MANUEL

DU

NÉGOCIANT EN EAUX-DE-VIE

ET EN VIN.

De l'essai des liquides spiritueux.

Les liquides spiritueux sont connus presque dès l'origine du monde, et de tout temps et dans tous les pays les hommes ont manifesté pour eux comme boisson, un goût, je dirai même une passion, qui n'a pas toujours eu l'approbation du moraliste, mais qu'on justifie aisément par l'utilité de ces liquides pour l'entretien de la santé et des forces de l'homme et par les emplois nombreux qu'ils reçoivent dans les arts. Les liquides spiritueux sont excessivement variés, et chaque climat a pour ainsi dire les siens propres ; mais en France, ce sont principalement les vins et les alcools qui constituent la boisson de la majorité des habitants et ceux auxquels nous nous attacherons spécialement dans ce petit Manuel, qui est surtout destiné à fournir aux producteurs, aux négociants et aux consommateurs, une série de documents utiles, propres à les initier à la connaissance de la nature et de la qualité de ces liquides en général, et à les mettre en garde contre la fraude qui s'exerce avec une extrême audace sur ces précieux produits de notre sol.

De l'essai des vins.

Le vin est essentiellement composé d'un mélange d'eau et d'alcool dans des proportions variables et d'une infinité d'autres substances, mais en très-faible proportion, qui déterminent en grande partie sa saveur ou son bouquet et donnent par leur mélange et par la variété de leurs proportions, toutes ces espèces ou qualités de vins que produisent les divers pays riches en vignobles.

Parmi les substances qui, indépendamment de l'eau et de l'alcool, entrent dans la composition des vins, il faut ranger le sucre de raisin (glucose), d'autres alcools, les éthers acétique, butyrique, œnanthique, des huiles essentielles, la mannite ou principe essentiel de la manne, le mucilage, la gomme ou la dextrine, la pectose et la pectine, des matières grasses, des matières colorantes, des matières azotées (entre autres le ferment), les acides tartrique, citrique, malique, pectique, tannique, carbonique, tartrate, acétique, butyrique, succinique ; la glycérine, le tartrate acide de potasse, des racémates et des paratrartrates, des sulfates, azotates, phosphates, silicates, etc., de potasse, de soude, de chaux, de magnésie, d'ammoniaque, d'alumine, d'oxyde de fer, etc.

Toutes ces substances n'entrent pas en même temps et en même proportion dans les vins, quelques-unes même ne s'y rencontrent qu'accidentellement et sont dues au cépage, au climat, aux engrais, à la nature du terrain, au mode de fabrication ou à des altérations spontanées, mais après tout, il est facile de comprendre combien une aussi grande variété de substances, permutant entre elles d'une infinité de manières, peuvent fournir de combinaisons diverses qui sont bien propres à donner une idée de variété infinie de la saveur et des bouquets des vins.

L'appareil le plus propre à juger de la qualité d'un vin et de ses principales propriétés, est l'organe du goût. Sa délicatesse, quand il est bien exercé, est véritablement extrême, et il n'est pas facile de lui en imposer. Mais tout le monde ne possède pas cette délicatesse organique, ou bien n'a pas eu l'occasion d'exercer le sens du goût et de lui faire acquérir cette sûreté dans l'appréciation d'un liquide spiritueux. Dans tous les cas, il ne faut pas toujours s'en rapporter à ce sens, et comme la quantité d'alcool ou la vinosité, comme on dit, des vins, est l'élément principal de leur qualité, c'est cet élément qu'il faut chercher à constater par des moyens physiques.

Le premier moyen qui se présente serait de prendre la densité du vin au moyen d'un aréomètre, mais ce moyen est infidèle, parce que le grand nombre de substances qui entrent dans la composition des vins et leur rapport variable, modifie cette densité et ne permet pas de pouvoir évaluer ainsi avec précision la richesse alcoolique de ce liquide.

Un second moyen, bien plus exact et le seul que nous nous attacherons à présenter dans ce Manuel, c'est la distillation qui fait connaître très-exactement la quantité d'alcool contenu dans un liquide spiritueux, ou sa richesse alcoolique.

Afin de savoir entre quelles limites cette richesse varie pour les vins naturels et auxquels on n'a pas fait une addition d'alcool ou d'eau-de-vie, nous présenterons ici le tableau sommaire de cette richesse en général, déduite des analyses de tous les vins, dont nous donnerons plus loin la table détaillée.

RICHESSE ALCOOLIQUE DES VINS EN GÉNÉRAL.		
	VOLUME d'alcool absolu sur 100 volumes de vin à + 15°.	POIDS d'alcool absolu sur 100 parties de vin à toute température.
Maximum. . . .	15	12
Moyenne. . . .	12 à 10	9.5 à 8
Minimum. . . .	8	6.33

Ainsi, les vins ne contiendraient en moyenne que 10 à 12 pour 100 de leur volume en alcool absolu à la température de + 15° centigrade, et de 8 à 9.5 pour 100 de leur poids, aussi en alcool absolu, à toutes les températures.

On a proposé plusieurs appareils pour faire l'analyse des vins, ou pour mieux dire pour rechercher leur richesse alcoolique : les uns sont fondés sur le principe de la distillation, les autres sur l'évaporation spontanée, d'autres sur la température de l'ébullition ou sur la dilatation des liquides, enfin sur la tension des vapeurs, etc., et nous citerons entre autres, ceux de Descroisilles, de Dunal, de Gay-Lussac, de M. Taborié, de Brossard-Vidal, de M. Conaty, de M. Silberman, de M. Salleron, mais tous ne méritent pas également la même confiance, c'est-à-dire que leurs résultats n'offrent pas un degré d'exactitude suffisant pour qu'on puisse baser dessus une appréciation rigoureuse de la richesse d'un vin, ou bien présentent des difficultés dans les manipulations. Nous ne nous attacherons donc à décrire dans ce manuel destiné aux praticiens, que deux de ces appareils qui paraissent satisfaire le plus complètement aux besoins de la pratique ; nous voulons parler de l'appareil de Gay-Lussac et de celui de M. Salleron.

Appareil de Gay-Lussac pour l'essai des vins.

L'appareil de Gay-Lussac pour l'essai des vins a été représenté dans la figure ci-jointe. Il se compose d'une petite chaudière *c* en cuivre étamé, contenant un demi-litre juste quand elle est remplie jusqu'au bord, et qu'on recouvre d'un chapiteau *c'* aussi en cuivre étamé, muni d'une tubulure *t* et d'un tube *t' s*, roulé en forme de serpentin dans une partie de sa longueur ou de *s* en *s'*. La tubulure *t* sert à l'introduction du vin et on la ferme avec un bouchon en cuivre vissé sur cuir. Le serpentin *t' s s'* qui est en étain pur plonge dans un petit seau étamé K de la contenance d'un demi-litre, porté sur trois pieds, dont l'un est arrêté sur une table M au moyen d'une vis. Une bride sert à relier la chaudière au chapiteau, et une vis de pression presse celui-ci sur la première ; mais afin que les surfaces de jonction ou les collets *a, a* soient complètement étanches, c'est-à-dire ne laissent pas échapper la moindre portion d'alcool, on insère entre elles une bande de papier trempée dans un lut qui se compose tout simplement de colle de pâte. Cette chaudière est placée sur un petit fourneau en terre soutenu lui-même par deux briques creuses sur la table M.

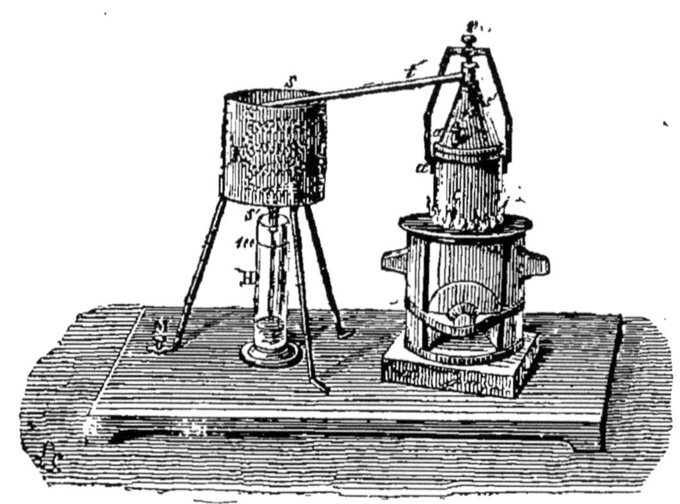

L'appareil étant luté et monté, on prend une petite éprouvette graduée, pouvant contenir un demi-litre, et on y mesure 300 centimètres cubes du vin dont on veut connaître la richesse en alcool; on enlève le bouchon en cuivre qui couvre la tubulure *t*, et, à l'aide d'un petit entonnoir, on verse ce vin dans la chaudière *c*. Pendant que l'entonnoir est encore sur cette tubulure, on lave l'éprouvette avec une petite quantité d'eau (une cuillerée environ), pour être certain qu'il n'y reste plus de vin, on verse cette eau dans le vin de la chaudière, on enlève l'entonnoir et on replace le bouchon en cuivre. Cela fait, on allume le feu, et pendant que le vin chauffe, on verse de l'eau de puits bien fraîche dans le seau K, et enfin on place une petite éprouvette H contenant 100 centimètres cubes sous l'extrémité *s'* du serpentin.

Au bout de quelque temps, le vin commence à bouillir, et les vapeurs qui s'élèvent viennent se condenser dans le serpentin et s'écoulent sous la forme d'un liquide incolore dans l'éprouvette H. Lorsque ce liquide a atteint dans cette éprouvette la ligne qui marque un volume de 100 centimètres cubes, on cesse le feu, on enlève l'éprouvette, et l'essai est terminé. Tout l'alcool contenu dans les 300 centimètres cubes de vin a passé, ainsi que Gay-Lussac l'a démontré, dans les 100 centimètres cubes de l'éprouvette, c'est-à-dire dans le premier tiers de la liqueur en distillation.

Reste à savoir maintenant combien ces 100 centimètres cubes de liquide distillé renferment d'alcool absolu pour en déduire la richesse alcoolique du vin, c'est une recherche qu'on exécute en se servant de l'alcoomètre centésimal de Gay-Lussac, dont nous expliquerons plus loin la structure et l'usage.

Supposons qu'on ait trouvé que ce produit distillé marque 30 degrés à l'alcoomètre centésimal, c'est-à-dire 30 centimètres cubes d'alcool absolu sur 100 du produit qu'on a recueillis; il est bien évident que les 300 centimètres cubes de vin distillé, n'en renfermaient que le tiers ou 10 centimètres cubes, et qu'il suffit par conséquent, pour avoir la richesse alcoolique en volume du vin, de prendre le tiers du degré trouvé au produit distillé. En un mot, le vin contenait en volume 10 d'alcool et 90 d'eau.

Appareil Salleron pour l'essai des vins.

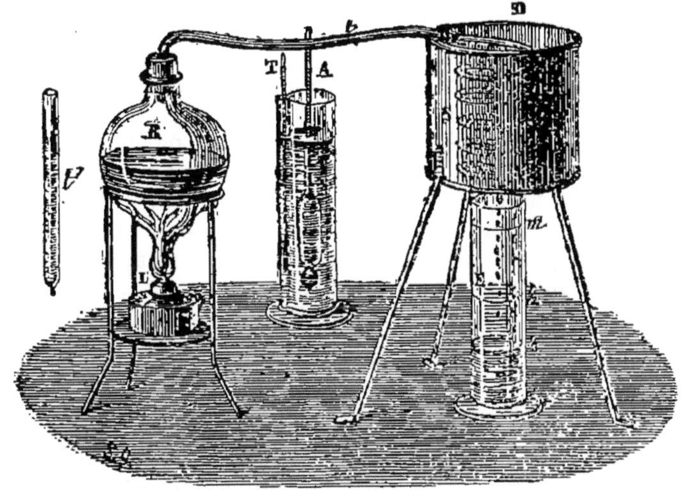

L'appareil de M. Salleron, que nous avons fait représenter dans la figure ci-jointe, se compose d'un petit ballon en verre B, dans lequel on ne verse pas plus de 35 centimètres cubes de vin, et qu'on bouche avec un bouchon de caoutchouc, au travers duquel passe un tube *t* de la même substance qui va s'assembler avec un serpentin *s* contenu dans un seau D. Ce serpentin débouche dans une éprouvette graduée E, dont le bord rodé s'applique très-exactement sur le fond de ce serpentin. Cette éprouvette contient 35 centimètres cubes jusqu'au trait *m* et sert à mesurer le vin.

Le vin ayant été ainsi mesuré, on le verse dans le ballon B, et on prend un betit tube ouvert t' qu'on remplit d'eau dont on se sert pour rincer l'éprouvette, eau qu'on ajoute au vin du ballon. On adapte sur celui-ci le bouchon de caoutchouc avec son tube, on remplit d'eau fraîche le seau D, on allume la lampe à esprit-de-vin l qui est placée dessous, et on porte à l'ébullition le vin qui distille en quelques minutes. Aussitôt que le liquide distillé a monté jusqu'au trait marqué 1/3 sur l'éprouvette, on éteint la lampe, et l'opération est terminée.

Afin de déterminer la quantité d'alcool sur un produit d'un si faible volume, M. Salleron reproduit le volume du vin. Pour cela, on enlève l'éprouvette et on la remplit jusqu'au trait m, c'est-à-dire jusqu'au volume de 35 centimètres cubes, avec de l'eau pure (de l'eau distillée ou de l'eau de pluie aussi pure qu'il est possible). Alors, on introduit à la fois dans cette éprouvette un thermomètre T dans une cannelure faite pour le recevoir, et l'alcoomètre A dans la partie la plus large. On lit les indications des deux instruments, et on corrige l'indication alcoométrique, suivant la température que marque le thermomètre, ainsi que nous l'indiquerons plus loin.

L'appareil de M. Salleron est simple, très-portatif et d'une manœuvre facile, mais il opère peut-être sur des volumes trop faibles pour permettre une très-grande précision. Les thermomètres en alcoomètres y deviennent si petits, que malgré les soins apportés à leur construction ils ne sont pas toujours d'une exactitude suffisante, et on peut faire des erreurs assez graves, même en apportant tout le soin possible aux opérations, quand on veut faire usage de cet appareil pour mesurer les liquides riches en alcool.

En terminant ce que nous avions à dire sur l'essai des vins par voie de distillation, qui en résumé paraît être le moyen le plus pratiqué, nous dirons que M. Basset a annoncé dans son *traité complet d'alcoolisation*, que toutes les fois qu'il a fait des distillations d'essai à feu nu avec l'appareil Salleron, il s'est produit dans le ballon une température suffisante pour faire passer avec l'alcool des huiles essentielles contenues dans la liqueur en quantité suffisante pour fausser les indications alcoométriques, soit en augmentant, soit en diminuant la densité du mélange. Il a proposé en conséquence un petit *distillateur d'essai*, qui se compose d'une cornue tubulée en verre, plongeant dans un bain-marie chauffé par une lampe à esprit-de-vin, bain-marie qui est porté par un support à coulisse, permettant de rapprocher ou d'éloigner la flamme, de manière à ne pas porter la température qu'on mesure à l'aide d'un thermomètre, au-delà de 85 à 90° centigrades. A cette température, les huiles essentielles ne distillent qu'en proportion extrêmement faible, et les résultats sont plus exacts. En outre, la cornue en verre plongeant dans un bain-marie n'est jamais soumise qu'à une chaleur modérée et ne court pas risque d'être brisée comme celle exposée à feu nu. En outre, on peut y distiller au moins 3 à 4 décilitres de liqueur, ce qui donne un résultat appréciable qu'on n'est pas obligé d'étendre d'eau.

Tableau général de la richesse alcoolique des vins.

Un grand nombre de chimistes se sont occupés de l'analyse des vins de divers pays, et si les résultats ne sont pas toujours d'accord entre eux quand il s'agit d'un même vin, il faut peut-être l'attribuer aux différences que produisent dans ce liquide la nature du terrain, le mode de culture, les conditions climatériques de l'année où il a été récolté, le mode particulier de fabrication adopté, l'âge, etc., qui peuvent amener des oscillations assez étendues dans la richesse du vin en alcool. Mais un fait qui paraît assez bien constaté, c'est que, dans un même cepage, l'alcool ne paraît pas varier d'une année à l'autre de plus de 1/10 à 2/10.

Quoi qu'il en soit, nous présenterons ici le tableau général et par ordre alphabétique, de la quantité d'alcool pur en centièmes du volume, contenue dans presque tous les vins analysés jusqu'à présent, en puisant la majeure partie des éléments de ce tableau dans l'excellent ouvrage que M. J. Maumené, professeur à la chaire municipale de Reims, a publié récemment sous le titre de : *Indications théoriques et pratiques sur le travail des vins et en particulier de celui des vins mousseux.*

Les chimistes qui ont contribué à ce travail d'analyse sont : Brande, qui, en 1836, a publié les résultats de l'analyse d'un grand nombre de vins; L. Beck de Boston qui, plus tard, a donné des nombres d'accord avec ceux de Brande; Gay-Lussac, qui a analysé plusieurs vins français; Julia Fontenelle et Bouis, qui ont fait connaître l'analyse de plusieurs vins du midi de la France; Maillard, qui a analysé divers vins rouges et blancs du centre; M. Fauré, auquel on doit une analyse fort étendue des vins de la Gironde; M. Filhol, qui a déterminé la richesse alcoolique des vins de la Haute-Garonne; M. Maumené, qui a obtenu quelques résultats sur les vins de la Marne; M. Vergnette-Lamotte, qui s'est attaché à l'examen des vins de Bourgogne; M. Claye, à ceux de Cahors; enfin, MM. Bouillon, Bouchardat, Jacob, Christison, Hitschoot, Diez, Frésenius, Geiger, Métis, etc., à celui de vins de divers pays.

Tableau de la quantité d'alcool en centièmes de volume que renferment les différents vins analysés par divers chimistes.

NOMS DES VINS OU DES CRUS.	ALCOOL en centièmes du volume.	NOMS DES CHIMISTES ou des observateurs.
Adlersberger (Hongrie), 1827. . .	9.3	Fischern.
Ahrbleichert (Allemagne), 1852. .	11.2	Diez.
Aillas (Gironde), 1841..	9.00	Fauré.
Aillas, 1842.	8.90	id.
Alba-Flora.	15.9	Brande.
Ale.	8.2	id.
Ale d'Edimbourg avant de mettre en bouteille.	7.16	Christison.
— après 2 ans de bouteille. . . .	7.61	id.
Ambarès (Gironde), 1841. . . .	10.25	Fauré.
Ambarès, 1842.	9.75	id.
Amérique (vin d'), 2 ans..	10.3	Beck.
Amontillado (Espagne).	15.88	Christison.
Angers..	12.9	Gay-Lussac.
Anjou (blanc).	10.00	Maillard.
Aoles (côte sud)..	15.00	Bouis.
Arbanats (Gironde), 1841. . . .	9.00	Fauré.
Arbanats, 1842.	8.85	id.
Argelès (Ste-Marguerite), 1837.. .	13.70	Bouis.
Asmannshauser (Allemagne), 1848.	11.2	Diez.
Auxey (Bourgogne), 1839.. . . .	10.10	Vergnette-Lamotte
Avallon, 1834.	11.14	Bouchardat.
Avensan-Citran (Gironde), 1841. .	9.25	Fauré.
Avensan-Citran, 1842..	9.85	id.
Avignonet (Haute-Garonne). 1843.	10.34	Filhol.
Bagnouls.	17.0	Gay-Lussac.
Bagnouls encore sucré..	15.16	Bouchardat.
Baho (Garrigue), 1837..	15.40	Bouis.
Baixas, 1837.	14.50	id.
Baron (Gironde), 1841..	8.00	Fauré.
Baron, 1842.	7.80	id.
Barr (Bas-Rhin).	6.9	Gay-Lussac.
Barsac.	12.8	Brande.
Barsac, 1er crû.	14.1	Gay-Lussac.
Barsac, 2e crû.	12.6	id.
Barsac, 3e crû.	12.1	id.
Barthérac, 1841..	9.10	Bouillon.
Bassens (Gironde), 1841.	9.35	Fauré.
Bassens, 1842.	9.20	id.
Bayon (Gironde), 1841.	10.30	id.
Bayon, 1842.	10.00	id.
Bazas (Gironde), 1841..	9.00	id.
Bazas, 1842.	8.90	id.
Beaune (Bourg.), 10 k. de sucre, 1847.	13.09	Vergnette-Lamotte.
Beaurech (Gironde), 1841..	9.20	Fauré.

NOMS DES VINS OU DES CRUS.	ALCOOL en centièmes du volume.	NOMS DES CHIMISTES ou des observateurs.
Beaurech, 1842.	9.00	Fauré.
Beautiran (Gironde), 1841. . . .	10.00	id.
Beautiran, 1842.	9.50	id.
Bègles palus (Gironde), 1841. . .	10.00	id.
Bègles palus, 1842.	9.20	id.
Bègles rase (Gironde), 1841. . . .	9.20	id.
Bègles rase, 1842.	9.85	id
Bégadan (Gironde), 1841.	9.20	id.
Bégadan, 1842.	10.00	id.
Bergerac (blanc).	13.65	Maillard.
Bergstrasse (vin de).	8.2 10.4 9.0 8.8 10.0 10.6 10.7	Kersting.
Beychac (Gironde), 1841.	8.30	Fauré.
Beychac, 1842.	8.45	id.
Bière forte de Londres..	6.3	Brande.
Bière (petite) de Londres.	1.2	id.
Bizamberg (Allemagne), 1834. . .	13.82	Métis.
Blagnac (Haute-Garonne), 1844. .	9.50	Filhol.
Blanquefort (Gironde), 1841. . . .	9.10	Fauré.
Blanquefort, 1842.	9.00	id.
Blaye.	8.33	Maillard.
Blaye (Gironde), 1841.	10.25	Fauré.
Blaye, 1842.	10.50	id.
Blois (rouge).	7.33	Maillard.
Bockenheimer (Allemagne), 1834. .	8.21	Zierl.
Bockenheimer (Allemagne), 1835. .	11.0	Diez.
Boges, 1837.	14.57	Bouis.
Bomme blanc.	12.2	Gay-Lussac.
Bordeaux-St-Nicolas (Gironde), 1841	10.10	Fauré.
Bordeaux-St-Nicolas. 1842. . . .	9.25	id.
Bordeaux ordinaire 1re qualité. . .	11.30	Christison.
Bouliac (Gironde), 1841.	9 25	Fauré
Bouliac, 1842..	9.35	id.
Bourg (Gironde), 1841.	10.33	id.
Bourg, 1842.	10.15	id.
Bourgogne rouge.	7.66	Maillard.
Bourgogne.	13.4	Brande.
Bouscat (Gironde), 1841.	8.75	Fauré.
Bouscat, 1842.	8.70	id.
Bouzy (Marne), 1846.	12.34	Maumené.
Bouzy, 1849.	11.82	id.
Brannes (Gironde), 1841.	9.45	Fauré.
Brannes-Mouton (Gironde), 1840. .	9.01	id.

NOMS DES VINS OU DES CRUS.	ALCOOL en centièmes du volume.	NOMS DES CHIMISTES ou des observateurs.
Brannes, 1842.	9.25	Fauré.
Brauneberger (Allemagne).	7.9	Ludersdoff.
Bridaines. 1839.	9.33	Jacob.
Bruges (Gironde) 1841.	9.00	Fauré.
Bruges, 1842.	8.66	id.
Brunner, 1811.	11.40	Métis.
Brunner, 1822.	12.56	id.
Buccellas.	17.0	Brande.
Cadaujac (Gironde), 1841.	9.40	Fauré.
Cadaujac, 1842.	9.20	id.
Cadillac côtes (Gironde), 1841.	10.85	id.
Cadillac côtes, 1842.	10.00	id.
Cahors, vins rouges. 1790.	11.00	Clary.
Cahors, vins rouges. 1800.	11.13	Clary.
Cahors, vins rouges. 1802.	11.00	Clary.
Cahors, vins rouges. 1810.	11.66	Clary.
Cahors, vins rouges. 1811.	12.00	Clary.
Cahors, vins rouges. 1818.	10.66	Clary.
Cahors, vins rouges. 1820.	11.00	Clary.
Cahors, vins rouges. 1822.	11.33	Clary.
Cahors, vins rouges. 1840.	10.33	Clary.
Cahors, vins rouges. 1842.	11.00	Clary.
Cahors, vins blancs. 1811.	12.33	id.
Cahors, vins blancs. 1818.	11.33	id.
Cahors, vins blancs. 1820.	11.33	id.
Cahors, vins blancs. 1822.	12.33	id.
Cahors, vins blancs. 1840.	11.01	id.
Cahors, vins blancs. 1842.	11.	id.
Camarsac (Gironde), 1841.	9.00	Fauré.
Camarsac, 1842.	8.90	id.
Cambes (Gironde), 1841.	9.30	id.
Cambes, 1842.	9.25	id.
Capian (Gironde). 1841.	9.60	id.
Capian, 1842.	9.25	id.
Caraman (Haute-Garonne), 1844.	8.50	Filhol.
Carbon blanc (Gironde), 1841.	9.25	Fauré.
Carbon blanc, 1842.	9.15	id.
Carbone (Haute-Garonne), 1844.	10.25	Filhol.
Carbone.	8.70	id.
Carbonnieux (Gironde), 1841.	10.00	Fauré.
Carbonnieux, 1842.	9.85	id.
Carcavelle.	17 2	Brande.
Carignan (Gironde), 1841.	9.45	Fauré.
Carignan, 1842.	9.20	id.
Cars (Gironde), 1841.	10.15	id.
Cars, 1842.	10.25	id.
Castillon, 1842.	9.20	id.
Castillon côtes (Gironde), 1841.	9.27	id.

NOMS DES VINS OU DES CRUS.	ALCOOL en centièmes du volume.	NOMS DES CHIMISTES ou des observateurs.
Castres (Gironde), 1841.	9.60	Fauré.
Castres, 1842.	9.70	id.
Caudéran (Gironde), 1841.	8.90	id.
Caudéran, 1842.	9.00	id.
Caudrot (Gironde), 1841.	8.90	id.
Caudrot, 1842.	8.80	id.
Celtinger (Allemagne).	7.3	Ludersdoff.
Cestas (Gironde), 1841.	8.76	Fauré.
Cestas, 1842.	8.60	id.
Châblis.	7.33	Maillard.
Champagne non mousseux.	12.7	Brande.
Champagne mousseux.	16.6	id.
Champagne.	13.84	Metis.
Champagne mousseux.	11.32	id.
Charlouts blanc, 1842.	11.33	Jacob.
Chassagne (Bourgogne), 1822.	11.50	Verguette-Lamotte
— 1825.	12.16	id.
— 1826.	11.50	id.
— 1832.	10.66	id.
— 1833.	11.60	id.
— 1834.	12.40	id.
— 1842.	11.70	id.
— 10 kil. de sucre, 1844.	13.00	id.
— 1844.	10.50	id.
— 1846.	12.50	id.
Château-Haut-Brion (Gir.), 1840.	9.00	Fauré.
Château-Lafite (Gironde), 1840.	9.70	id.
Château-la-Rose, 1825.	9.59	Christison.
Château-Latour (Gironde), 1840.	9.33	Fauré.
Château-Latour, 1815.	9.78	Christison.
Château-Margaux (Gironde), 1840.	8.75	Fauré.
Château-Margaux.	12.60	Metis.
Châtillon, près Paris.	7.5	Gay-Lussac.
Chinon.	8.33	Maillard.
Chiras.	14.3	Brande.
Chypre.	15.0	Gay-Lussac.
Chypre.	17.00	Hitschoot.
Claret (Château-Margaux).	10.9	Beck.
Claret Bordeaux.	13.9	Brande.
Cher (rouge).	8.00	Maillard.
Cidre le plus spiritueux.	9.1	Brande.
Civrac (Gironde), 1841.	9.66	Fauré.
Civrac, 1842.	9.87	id.
Civrac (Gironde), 1841.	10.00	id.
Civrac, 1842.	9.66	id.
Créon (Gironde), 1841.	9.10	id.
Créon, 1842.	8.50	id.
Colares.	18.2	Brande.

NOMS DES VINS OU DES CRUS.	ALCOOL en centièmes du volume.	NOMS DES CHIMISTES ou des observateurs.
Collioure, 1838.	16.10	Bouis.
Constance rouge.	17 4	Brande.
Constance blanc.	18 2	id.
Corbère, 1837..	13.90	Bouis.
Corcelles (Bourgogne), 1826.. . .	9.50	Verguette-Lamotte
Corcelles, 1827.	10.35	id.
Corfou (vin de).	15	Hitschoot.
Cornebarrieu (Hte-Garonne), 1844. .	10.00	Filhol.
Corneille de la Rivière, 1837. . .	14.93	Bouis.
Cos-Destournel (Gironde), 1840. . .	9.00	Fauré.
Cot rouge, 1837.	10.60	Bouillon.
Cot rouge, 1840.	10.00	id.
Cot blanc, 1840.	10.10	id.
Côte châlonnaise.	9.00	Maillard.
Côte-Pitois, 1840.	11.00	Jacob.
Côte-Pitois, 1839.	10.00	id.
Côte-Rôtie..	11.3	Brande.
Coutras (Gironde), 1841.	8.30	Fauré.
Coutras, 1842.	8.25	id.
Deïdesheimer (Allem.), 1831. . .	7.92	Zierl.
— — 1834. . .	10.35	id.
— — 1834. . .	9.97	id.
— — 1834. . .	9.56	id.
Deidesheimer (Allem.).	11.2	Diez.
— Riesling.	11.9	id.
— Traminer.	11.8	id.
— — 1846. . .	12.1	id.
— — 1848. . .	12.0	id.
Dienheimer.	9.8	Geiger.
Duchâtel-Saint-Julien, 1838.. . .	8.67	Bouchardat.
Durckeimer (Allem.), 1834.. . .	9.33	Zierl.
Durkheimer (Allem.), 1849. . . .	12.0	Diez.
— — 1852. . . .	11.4	id.
Eberstader (vins du Neckar), 1842. .	6.3	Fischern.
— — 1845. .	5.6	id.
— blanc, 1846. .	8.4	id.
— rouge, 1846. .	9.4	id.
Edenkofener (Allem.), 1850. . . .	10.2	Diez.
Entre deux mers (blanc).	9.00	Maillard.
Ergersheim (Bas-Rhin).	6.0	Gay-Lussac.
Espagne brun.	16.6	Beck.
Espira de l'Aigly, 1837.	14.20	Bouis.
Esschendorf (Allem), 1822. . . .	11.32	Metis.
Eysine (Gironde), 1841.	8.90	Fauré.
Eysine, 1842.	8.75	id.
Fargues (Gironde), 1841.	9.25	id.
Fargues, 1842.	9.65	id.
Finesbrat, 1837.	14.43	Bouis.

NOMS DES VINS OU DES CRUS.		ALCOOL en centièmes du volume.	NOMS DES CHIMISTES ou des observateurs.
Fitou, 1837.		11.38	Bouis.
Floirac palus (Gironde), 1841.		10.00	Fauré.
Floirac palus, 1842.		10.50	id.
Floirac côtes (Gironde), 1841.		9.30	id.
Floirac côtes, 1842.		9.20	id.
Forst (Bas-Rhin).		11.5	Gay-Lussac.
Forst de choix (Allem.).	1834.	11.9	Diez.
	1844.	11.6	
	1846.	11.5	
	1848.	11.4	
	1852.	11.2	
Forst (Allem.).	1822.	8.18	Zierl.
	1834.	9.90	
	1834.	10.77	
	1834.	10.07	
Forster-Riesling (Allem.).		11.00	Ludersdoff.
Freinsheimer (Allem.), 1811.		8.70	Zierl.
Frontignan.		11.8	Brande.
Frontignan.		11.8	Gay-Lussac.
Fronton rouge (Hte-Garonne), 1842.		12.03	Filhol.
Gaillac (Tarn-et-Garonne).		10.66	Maillard.
Gaillardel blanc, 1840.		9.33	Bouillon.
Gauriac (Gironde), 1841.		10.22	Fauré.
Gauriac, 1842.		10.11	id.
Geisenheimer (Allem.), 1842.		12.2	Diez.
Geisenheimer, 1848.		11.4	id.
Geisenheimer (Allem.).		12.6	Geiger.
Génissac (Gironde), 1841.		9.05	Fauré.
Génissac. 1842.		9.00	id.
Gérès (côte St-Féréol), 1837.		15.20	Bouis.
Gimmelding (Allem.), 1849.		12.0	Diez.
Gimmelding, 1852.		11.2	id.
Giscours (Gironde), 1840.		9.10	Fauré.
Goux, 1842.		9.65	Bouillon.
Gradignan (Gironde), 1841.		8.75	Fauré.
Gradignan, 1842.		8.90	id.
Grand-Larose (Gironde), 1840.		9.85	id.
Grave.		12.3	Brande.
Grèce (vin de).		12.60	Métis.
Grenache.		16.0	Gay-Lussac.
Grenade (Haute-Garonne), 1844.		10.33	Filhol.
Grenade.		10.37	id.
Grinzing, 1822.		12.60	Metis.
Gritzendorf (Allem.), 1831.		12.60	Metis.
Groseilles (vin de).		18 9	Brande.
Groseilles à maquereau (vin de).		10.9	id
Gruneberger (Allem.).		6.5	Ludersdoff.
Gumpoldstirch (Allem.), 1822.		12.56	Metis.

NOMS DES VINS. OU DES CRUS.	ALCOOL en centièmes du volume.	NOMS DES CHIMISTES ou des observateurs.
Hambach 1re qualité.	9.24	Christison.
Haslach (Allem.), 1822.	10.06	Metis.
Hattenheimer 1834.	11.9	Diez.
Hattenheimer (vin du Rhin (Allem.), de 4 mois).	10.7	Fresenius.
Haut-Brion (Gironde), 1841. . . .	9.00	Fauré.
Haut-Brion, 1842.	9.09	id.
Hébron (Palestine).	18.00	Hitschoot.
Heinrichsleute (Allem.).	12.52	Metis.
Hermitage rouge.	11.3	Brande.
Hermitage blanc..	16.0	id.
Hermonville (Marne).	10.04	Maumené.
Hermonville.	9.17	id.
Hochheimer (Allem.), 1846. . . .	11.5	Diez.
Ille (Garrigue), 1837.	16.27	Bouis.
Ivrac (Gironde). 1841.	10.15	Fauré.
Ivrac, 1842	10.00	id.
Izon (Gironde), 1841.	8.75	id.
Izon, 1842..	8.90	id.
Johannisberger (Allem.), 1842. . .	10.0.	Diez.
Joue.	8.00	Maillard.
Jurançon rouge.	13.7	Gay-Lussac.
Jurançon blanc.	15.2	id.
Kahlenberg (Allem.). 1834.. . .	12.61	Métis.
Kahlstadter (Allem.), 1834. . . .	9.91	Zierl.
Kirwan-Cantenac (Gironde), 1840. .	9.25	Fauré.
Lacryma-Christi.	18.1	Brande.
Lalagune (Gironde), 1840. . . .	9.30	Fauré
La Mission (Gironde), 1841. . . .	10.12	id.
La Mission, 1842.	10.00	id.
Langoiran (Gironde), 1841. . . .	9.15	id.
Langoiran, 1842..	9.10	id.
Lardène (Haute-Garonne), 1844. .	8.80	Filhol.
Lardène.	8.66	id.
La Réole (Gironde), 1841. . . .	8.50	Fauré.
La Réole, 1842.	8.65	id.
La Sauve (Gironde), 1841. . . .	8.75	id.
La Sauve, 1842.	8.50	id.
La Trène palus (Gironde), 1841. . .	9.60	id.
La Trène palus, 1842.	9.30	id.
La Trène côtes (Gironde), 1841. . .	9.25	id.
La Trène côtes, 1842.	9.10	id.
Laubenheimer (Allem.), 1846. . .	11.1	Diez.
Leguevin (Haute-Garonne), 1844. .	10.66	Filhol.
Lesteinwein (Allem.).	7.2	Ludersdoff.
Léognan (Gironde), 1841.	9.50	Fauré.
Léognan, 1842.	9.15	id.
Léoville (Gironde), 1840.	9.15	id.
Lesparre (Gironde), 1841.	9.66	id.

NOMS DES VINS OU DES CRUS.	ALCOOL en centièmes du volume.	NOMS DES CHIMISTES ou des observateurs.
Lesparre, 1842, ...	9.50	Fauré.
Levignac (Haute-Garonne), 1844. .	10.33	Filhol.
Liban (Palestine), 1 an.	17.00	Hitschoot.
Liban de 2 ans.	14.00	id.
Libourne palus (Gironde), 1841. .	9.85	Fauré.
Libourne palus, 1842.	9.47	id.
Liebfrauenmilch (Palatinat). . . .	10.6	Geiger.
Liebfrauenmilch, 1841	9.9	Fischern.
— 1842.	9.3	id.
— 1843.	9.4	id.
Lisbonne.	17.4	Brande.
Lisbonne sec.	17.72	Christison.
Lissa.	23.4	Brande.
Lormont (Gironde), 1841.	9.10	Fauré.
Lormont, 1842.	9.00	id.
Ludon (Gironde), 1841.	9.00	id.
Ludon, 1842.	8.70	id.
Luguinslander (Palatinat), 1834. .	9.5	Fischern.
Lunel.	14.3	Brande.
Lussac (Gironde), 1841.	9.00	Fauré.
Macau (Gironde), 1841.	9.00	id.
Macau, 1842.	8.90	id.
Macon.	10.0	Gay-Lussac.
Macon (rouge).	7.66	Maillard.
Macon (blanc).	7.11	id.
Madère.	20.5	Brande.
— rouge.	18.7	id.
— le plus faible.	17.4	id.
— le plus fort des 5 variétés. .	23.7	Beck.
— du Cap.	18.9	id.
— très-vieux.	16.0	Gay-Lussac.
— conservé aux Grandes-Indes.	21.25	Christison.
— cercial.	19.05	id.
— faible.	17.72	id.
Malaga.	15.9	Brande.
Malaga, 1666.	17.4	id.
Malaga.	15.1	Gay-Lussac.
Malaga préparé avec moût réduit. .	12.5 13.2 13.5 14.9 15.0 15.3 11.1	Mayer.
Malinsey.	16.04	Christison.
Malvoisie de Madère.	15.1	Brande.
Marcobrunner (vin du Rhin). . .	9.4	Ludersdoff.
— de choix, [illegible] .	[illegible]	[illegible]

NOMS DES VINS OU DES CRUS.	ALCOOL en centièmes du volume.	NOMS DES CHIMISTES ou des observateurs.
Marcobrunner, vin du Rhin de 4 mois.	11.1	Fresenius.
— vin du Rhin. . . .	11.6	Geiger.
Margaux (Gironde), 1841.	9.65	Fauré.
Margaux, 1842.	9.65	id.
Marsala (Sicile).	23.8	Brande.
Marsala (Sicile) Madère de Bronte. .	21.38	Métis.
Martillac (Gironde), 1841.	9.10	Fauré.
Martillac, 1842.	8.75	id.
Martres (Haute-Garonne), 1843. . .	11.16	Filhol.
Maur, 1834.	12.58	Métis.
Mauris, 1837.	14 70	Bouis.
Mérignac (Gironde), 1841. . . .	8.25	Fauré.
Mérignac, 1842.	8.50	id.
Merville (Haute-Garonne), 1842. .	10.60	Filhol.
Merville, 1844.	10.65	id.
Metelin, 20 ans de bouteille. . . .	9.7	Beck.
Meursault (Bourgogne), 1824. . .	10.35	Vergnette-Lamotte
— gamet, 1826. . .	9.60	id.
— gamet, 1839. . .	8.70	id.
— 1842. . .	12.45	id.
— 1844. . .	10.53	id.
— gelé au 1/6e, 1844. . .	10.88	id.
— 1845. . .	9.85	id.
— 1845. . .	8.80	id.
— 1847. . .	11.06	id.
Meursault-Santenot (Bourg.), 1827.	11.70	id.
— 1830.	12.00	id.
— 1831.	11.60	id.
— 1832.	12.10	id.
— 1833.	13.30	id.
— 1834.	13.10	id.
— 1834.	12.70	id.
— gelé au 1/8e, 1834.	13.35	id.
— 1835.	11.20	id.
— 1835.	11.00	id.
— 2e cuvée, 1835.	11.00	id.
— 1836.	11.00	id.
— 1840.	10.10	id.
— 1841.	11.80	id.
— sucré, 1844.	12.70	id.
Meursault blanc, Genevrières, 1822.	13.27	id.
— 1841.	12.48	id.
— gelé au 1/6e, 1841	13.05	id.
— 1842.	13.16	id.
— gelé au 1/8e, 1842.	14.33	id.
— 1844.	12.90	id.
— 1845.	11.51	id.
— Luxeuil. 2e crû, 1845.	10.50	id.

NOMS DES VINS OU DES CRUS.	ALCOOL en centièmes du volume.	NOMS DES CHIMISTES ou des observateurs.
Meursault blanc, Genevrières, 1846.	14.95	Vergnette-Lamotte.
—— Luxeuil, 1846.	14.07	id
—— 1847.	13.24	id.
Meursault blanc, Perrières, 1826.	13.25	id.
Millas (plaine), 1837.	14.60	Bouis.
Molsheim (Bas-Rhin).	9.2	Gay-Lussac.
Monségur (Gironde), 1841.	7.80	Fauré.
Monségur, 1842.	7.66	id.
Montastrac (Hte-Garonne), 1844.	10.10	Filhol.
Montbrié (Gironde), 1841.	9.37	Fauré.
Montbrié, 1842.	9.43	id.
Montferr (Gironde), 1841.	9.50	id.
Montferr, 1842.	9.70	id.
Moselle (vin de la).	11.30	Métis.
Musbach (Allem.), 1842.	10.5	Diez.
Muscat du Cap.	16.8	Brande.
Nanchèvre blanc, 1842.	12.50	Bouchardat.
Nanchèvre, 1841.	9.99	id.
Narbonne, 1837.	13.60	Bouis.
Naumburger (Allem.).	6.4	Ludersdoff.
Neisteiner (Allem.).	8.80	id.
Nersberg (Allem.).	10.8	Geiger.
Neusiedl, 1834.	10.02	Métis.
Neustadt (Allem.), 1852.	7.5	Diez.
Nice.	13.5	Brande.
Niersteiner (Allem.), 1842.	11.3	Diez.
Oberingelheimer (Allem.), 1848.	11.6	id.
Olette, 1837.	13.60	Bouis.
Oppenheimer (Allem.). 1848.	11.3	Diez.
Oranges (vin d').	10.4	Brande.
Orléans.	7.00	Maillard.
Palla, 1837.	13.60	Bouis.
Paillet (Gironde), 1841.	9.35	Fauré.
Paillet, 1842.	9.25	id.
Parsac (Gironde), 1841.	9.45	id.
Parsac. 1842.	9.15	id.
Panillac (Gironde), 1841.	9.70	id.
Panillac, 1842.	9.25	id.
Pia (Hortolanes), 1837.	10.27	Bouis.
Picardan blanc.	10.00	Maillard.
Pineau-Girolles blanc, 1842.	12.54	Bouchardat.
Perpignan (Labanère), 1837.	15.00	Bouis.
Pisporter (Allem.), 1848.	10.8	Diez.
Pisporter (Allem.).	6.7	Ludersdoff.
Pompignac (Gironde), 1841.	9.10	Fauré.
Pomard (Bourg.), sucré. 1832.	12.50	Vergnette-Lamotte
1833.	13.05	id.
1835.	11.50	id.

NOMS DES VINS OU DES CRUS.	ALCOOL en centièmes du volume	NOMS DES CHIMISTES ou des observateurs.
Pomard (Bourg.). . . . . 1839.	10.40	Vergnette-Lamotte
— 1841.	11.90	id.
— gelé au 1/6e, 1841.	12.80	id.
— gelé au 1/6e, 1842.	12.94	id.
— 1843.	10.60	id.
— 1844.	11.80	id.
— 1845.	10.36	id.
— 1846.	13.05	id.
— 1847.	11.70	id.
Pomard blanc, Nazarettes mousseux, 1827.	10.60	id.
— 1845.	8.97	id.
— 1846.	12.22	id.
Pompignac, 1842.	9.00	Fauré.
Porter de 4 mois.	6.74	Christison.
Portet (Haute-Garonne), 1843. . .	10.00	Filhol.
Portet, 1844.	9.46	id.
Porto, le plus faible de 3 variétés. .	20.2	Brande.
— le plus fort de 3 variétés. .	21.0	Beck.
— fort.	23.50	Christison.
— moyenne de 7 espèces. . .	20.37	id.
— faible.	18.83	id.
Poudensac, 1er crû.	13.7	Gay-Lussac.
— 2e crû.	18.0	id.
— 3e crû.	12.1	id.
Pouilly blanc.	9.00	Maillard.
Prades, 1837.	13.87	Bouis.
Puligny-Montrachet (Bourg.), 1825.	14.90	Vergnette-Lamotte
Queyries (Gironde), 1841 1er. . .	10.70	Fauré.
— 1841 2e	10.00	id.
— 1841 3e.	9.75	id.
— 1842 1er.	11.00	id.
— 1842 2e.	10.50	id.
— 1842 3e.	10.15	id.
Quinsac (Gironde), 1841.	9.10	id.
Quinsac, 1842.	9.00	id.
Raisin sec (vin de).	16.7	Brande.
Raisin sec (vin de).	23.1	id.
Rangals-sur-Mer, 1838.	15.90	Bouis.
Rauenthal (Allem.), 1834. . . .	12.1	Diez.
Rauzan (Gironde), 1841.	8.80	Fauré.
Rauzan, 1842.	8.90	id.
Reveille, 1842.	9.33	Bouillon.
Revel (Haute-Garonne), 1844. . .	8.63	Filhol.
Revel.	8.35	id.
Revel.	8.25	id.
Rhin (vin du) Hock.	11.1	Brande.
Rhodes (vin de l'île de).	18.00	Hitschoot.

NOMS DES VINS OU DES CRUS.	ALCOOL en centièmes du volume.	NOMS DES CHIMISTES ou des observateurs.
Rhodez, 1837.	14.53	Bouis.
Riom (Gironde), 1841.	9.15	Fauré.
Riom, 1842.	9.20	id.
Rivesaltes (plaine), 1837.	14.60	Bouis.
Rivesaltes.	11.71	Christison.
Rœdelsceer (Allem.).	8.5	Ludersdoff.
Rosheim (Bas-Rhin).	8.6	Gay-Lussac.
Roussillon.	16.7	Brande.
Rudesheimer (Allem.), 1846. . .	11.6	Diez.
— 1848.	11.4	id.
— 1re qualité.	10.36	Christison.
— ordinaire.	8.67	id.
Rudesheimer (Allem.)	12.7	Geiger.
Ruppertsberger (Allem.).	9.26	Zierl.
Ruppertsberger.	10.07	id.
Ruppertsberg (Allem.), 1834. . .	11.6	Diez.
Ruppertsberg, 1848.	11.5	id.
Ruster de choix (Allem.), 1834. . .	11.4	Fischern.
Saint-Aignan.	6.66	Maillard.
Saint-André de Cubsac (Gir.), 1841.	9.50	Fauré.
Saint-André de Cubsac, 1842. . .	8.75	id.
Saint-Ciers-la-Lande (Gironde), 1841.	9.45	id.
Saint-Ciers-la-Lande, 1842. . . .	8.90	id.
Saint-Cristoly (Gironde), 1841. . .	9.35	id.
Saint-Cristoly, 1842.	9.25	id.
Saint-Cristoly	11.00	Maillard.
Saint-Emilion (Gironde), 1841. . .	9.18	Fauré.
Saint-Emilion, 1842.	9.21	id.
Saint-Estèphe-Phélan (Gir.), 1840. .	9.75	id.
Saint-Estèphe-Phélan, 1842. . . .	9.25	id.
Saint-Estèphe (Gironde).	12.58	Métis.
Saint-Gaudens (Hte-Garonne), 1844.	10.10	Filhol.
Saint-Gaudens.	10.0	id.
Saint-Gaudens.	8.66	id.
Saint-Gaudens.	8.60	id.
Saint-Georges.	15.0	Gay-Lussac.
Saint-Georges, 1839.	11.40	Bouchardat.
Saint-Laurent (Gironde), 1841. . .	9.00	Fauré.
Saint-Laurent, 1842.	8.60	id.
Saint-Loubès (Gironde), 1841. . .	8.50	id.
Saint-Loubès, 1842.	8.55	id.
Saint-Macaire (Gironde).	8.33	Maillard.
Saint-Macaire (Gironde), 1841. . .	7.80	Fauré.
Saint-Macaire, 1842.	7.90	id
Saint-Macaire, 1843.	8.00	Bouchardat.
Saint-Maixant (Gironde). 1841. . .	8.75	Fauré.
Saint-Maixant, 1842.	8.47	id.
Saint-Martin (Gironde), 1841. . .	10.62	id.

NOMS DES VINS OU DES CRUS.	ALCOOL en centièmes du volume.	NOMS DES CHIMISTES ou des observateurs.
Saint-Martin, 1842.	10.66	Fauré.
Saint-Martin, 1837.	12.90	Bouis.
Saint-Médard (Gironde), 1841. . .	9.25	Fauré.
Saint-Médard, 1842.	9.35	id.
Saint-Paul, 1837.	13.70	Bouis.
Saint-Paul (Haute-Garonne), 1844. .	10.30	Filhol.
Saint-Pierre-d'Aurillac (Gir.), 1841.	8.15	Fauré.
Saint-Pierre-d'Aurillac, 1842.. . .	7.70	id.
Saint-Pierre-du-Mont.	11.5	Gay-Lussac.
Saint-Romain (Bourg.), gamet, 1840.	9.90	Vergnette-Lamotte
Saint-Savin (Gironde), 1841. . . .	9.10	Fauré.
Saint-Savin, 1842.	9.00	id.
Saint-Seurin-de-Bourg (Gir.), 1841.	10.15	id.
Saint-Seurin-de-Bourg, 1842. . . .	10.18	id.
Saint-Seurin-de-Cursac (Gir.), 1841.	10.25	id.
Saint-Seurin-de-Cursac, 1842. . . .	10.15	id.
Saint-Sulpice (Gironde), 1841. . .	8.90	id.
Saint-Sulpice, 1842.	8.75	id.
Saint-Trélody, 1842..	9.25	id.
Saint-Trelody (Gironde), 1841. . .	9.80	id.
Sainte-Eulalie (Gironde), 1841. . .	10.10	id.
Sainte-Eulalie, 1842.	10.00	id.
Sainte-Foy (Gironde), 1841. . . .	9.00	id.
Sainte-Foy, 1842..	9.10	id.
Sainte-Terre (Gironde), 1841. . .	8.90	id.
Sainte-Terre, 1842.	8.70	id.
Salces, 1837.	14.20	Bouis.
Salées (plaines), 1837.	13.00	id.
Sallebœuf (Gironde), 1841. . . .	9.15	Fauré.
Sallebœuf. 1842.	8.75	id.
Sancerre.	8.33	Maillard.
Samos (vin de l'île de)..	14	Hitschoot.
Savigny, Vergelesse (Bourg.), 1825,	12.38	Vergnette-Lamotte
id.	10.27	id.
id.	11.54	id.
Saumur.	9.9	Gay-Lussac.
Sauterne.	13.1	Brande.
Sauterne.	12.0	Beck.
Sauterne blanc.	15.0	Gay-Lussac.
Sauveterre (Gironde), 1841. . . .	8.15	Fauré.
Sauveterre, 1842.	7.90	id.
Scharlachberg (Allem.), 1848. , .	10.2	Diez.
Scharlachberg (Allem.).	12.7	Geiger.
Scherwiller (Bas-Rhin).	11.0	Gay-Lussac.
Sigean, 1837.	12.60	Bouis.
Smyrne (vin de)..	13	Hitschoot.
Sologne (blanc).	8.66	Maillard.
Soussans (Gironde), 1841.	9.65	Fauré.

NOMS DES VINS OU DES CRUS.	ALCOOL en centièmes du volume.	NOMS DES CHIMISTES ou des observateurs.
Soussans, 1842.	9.20	Fauré.
Spaarberg rouge (Saxe), 1842.	9.4	Fischern.
Stein (vin du Rhin) de 4 mois.	10.1	Fresenius.
—— de choix.	10.2	id.
Steinberger (vin du Rhin), 1846.	11.6	Diez.
Steinberger (vin du Rhin).	10.9	Geiger.
Sureau (vin de).	9.1	Brande.
Syracuse.	14.1	id.
Syrie (vin de).	15.00	Hitschoot.
Talence (Gironde. 1841.	9.75	Fauré.
Talence, 1842.	9.15	id.
Targon (Gironde), 1841.	7.75	id.
Targon, 1842.	8.00	id.
Tauriac (Gironde), 1847.	10.15	id.
Tauriac, 1842.	10.08	id.
Ténériffe.	18.2	Brande.
Ténériffe.	17.15	Christison.
Thérac, 1841.	10.60	Bouillon.
Therme-Cantenac (Gironde), 1840.	9.15	Fauré.
Tinto.	12.2	Brande.
Tokay (Allem.).	9.1	id.
Tokay.	12.1	Ludersdoff.
Tonnerre.	7.33	Maillard.
Tornilles, 1837	14.23	Bouis.
Torres Vedras (Portugal).	18.9	Beck.
Tressère, 1837.	14.80	Bouis.
Tronquoy-Lalande (Gironde) 1840.	9.90	Fauré.
Trouillas, 1837.	15.00	Bouis.
Tuillac (Gironde), 1841.	10.15	Fauré.
Tuillac, 1842.	10.15	id.
Ungsberger (Allem.).	6.8	Ludersdoff.
Ungsteiner (Allem.), 1853.	11.2	Diez.
Ungsteiner (Allem.), 1834.	9.12	Zierl.
Valeyrac (Gironde), 1841.	9.25	Fauré.
Valeyrac, 1842.	9.60	id.
Vaumorillon blanc, 1842.	11.66	Jacob.
Vautiercelins, 1840.	10.33	id.
Vauvert.	13.3	Gay-Lussac.
Verfeil (Haute-Garonne), 1844.	9.13	Filhol.
Verrières, près Paris.	6.2	Gay-Lussac.
Vidonia.	17.7	Brande.
Vielle-Toulouse (Hte-Gar.), 1844.	8.14	Filhol.
Villaudrie (Hte-Gar.), 1842.	12.58	id.
Villaudrie, 1844.	11.10	id.
Villedommange (Marne), 1849.	9.31	Maumené.
—— 1846.	10.69	id.
—— 1839.	10.23	id.
Villefranche (Haute-Garonne), 1844.	7.60	Filhol

NOMS DES VINS OU DES CRUS.	ALCOOL en cent. du volume.	NOMS DES CHIMISTES ou des observateurs.
Villefranche, 1837.	13.70	Bouis.
Villemur (Haute-Garonne), 1844. .	12.33	Filhol.
Vinca, 1837.	14.27	Bouis.
Vin de poids du midi.	13.0	Gay-Lussac.
Vins blancs (Vendée).	8.8	id.
Vins du Cher.	8.7	id.
Vins communs.	9.8	id.
Vins de l'Ouest.	10.0	id.
Vin des lies pressées (détail de Paris).	7.6	id.
Vins (détail de Paris).	8.8	id.
Vins en bouteilles (détail de Paris).	10.5	id.
Vins (détail de Paris).	9.3	id.
Volnay.	11.0	id.
Volnay (Bourg.). . . . . 1833.	12.60	Vergnette-Lamotte
— 2e récolte noirieus. . 1839.	8.40	id.
— 1840.	11.00	id.
— 18 k. de sucre par pièce, 1841.	14.63	id.
— 1842.	12.50	id.
— Grange-le-Duc. . . 1845.	7.35	id.
— 1846.	12.86	id.
— 12 kil. de sucre. . . 1847.	13.60	id.
— Grange-le-Duc. . . 1847.	8.90	id.
Vosne Romanée (Bourg.), 4 1/2 ans de cercle. . . . . 1822.	12.85	id.
— 18 mois. . . . . 1825.	14.00	id.
— 10 k. de sucre par pièce, 1832.	12.66	id.
— 12 kil. de sucre. . . 1847.	13.60	id.
— Grange-le-Duc. . . 1847.	8.90	id.
Vosne Tâche (Bourg.). . . 1834.	12.13	id.
Vouvray blanc.	9.66	Maillard.
Wachenheim (Bas-Rhin).	11.9	Gay-Lussac.
Wachenheimer (Allem.), 1834. . .	10.07	Zierl.
— 1852. . .	11 4	Diez.
Wiedling, 1834.	12.58	Métis.
Weinheimer (Allem.).	11.7	Geiger.
Westhoffen (Bas-Rhin).	10.0	Gay-Lussac.
Wiesloch (Allem.).	9.8	Geiger.
Xérès.	17.6	Brande.
Xérès (madre da).	21.25	Christison.
— fort.	20.33	id.
— moyenne de 13 esp. vieilles.	19.33	id.
— moy. de 9 espèces conservées aux Indes.	18.51	id.
— faible.	17.34	id.
Zeller-Riesling (Palatinat), 1846. .	9.3	Fischern.
— le meilleur. . . .	9.3	id.
— (Traminer). . . .	10.5	id.
— Ruslander.. . . .	10.4	id.

Essai des alcools.

L'alcool est, comme on sait, un produit qui se forme pendant l'acte de la fermentation des liqueurs qui renferment du sucre, et c'est par voie de distillation qu'on l'extrait de ces liqueurs fermentées.

L'alcool pur est un liquide incolore très-fluide, plus léger que l'eau, d'une odeur faible et d'une saveur brûlante qui diminue quand on l'étend d'eau. Son poids spécifique varie avec les températures, et à 15° centigrades il est égal à 0,7947, celui de l'eau au maximum de condensation étant pris pour unité.

L'alcool bout sous la pression barométrique de 0m.76 à la température de 78° 41 C. Un volume d'alcool bouillant donne 488,3 volumes de vapeur à celle de 100° C.

En décomposant l'alcool, on a trouvé pour sa composition :

	En centièmes.	En équivalents chimiques.	
Carbone. . . .	52.17	300	C^4
Hydrogène. . .	13.05	75	H^6
Oxygène. . . .	34.78	200	O^2
	100.00	575	

On peut dédoubler la formule $C^4H^6O^2$ en $C^4H^4 + H^2O^2$, mais C^4H^4 représente la composition de la partie la plus éclairante du gaz d'éclairage ou le bicarbure d'hydrogène et H^2O^2 celle de l'eau. L'alcool est donc un composé de bicarbure d'hydrogène et d'eau ; et ce qui le démontre, c'est qu'on est parvenu à reproduire l'alcool en faisant réagir ses deux principes constituants l'un sur l'autre par l'intermédiaire de l'acide sulfurique.

Les plus grands froids sont sans action sur l'alcool. A la température ordinaire et au contact de l'air, il se change en acide acétique. A une température élevée, il brûle et se transforme en produits gazeux. Il est inflammable et brûle avec une flamme pâle.

Si on mélange l'alcool avec l'eau pour laquelle il a une grande affinité, il y a une contraction ou diminution de volume du mélange avec une élévation de température. Ainsi, 10 litres d'alcool pur à 15° C. mêlés à 10 litres d'eau à la même température, ne fournissent pas 20 litres de mélange, mais bien 19lit.251 avec une contraction de 0lit.769. Mais ce qu'il y a de curieux, c'est que cette contraction va en augmentant à mesure que la quantité d'alcool diminue jusqu'à ce que celui-ci soit à peu près dans la proportion de 55 en volume contre 45 d'eau, et que quand sa proportion d'eau augmente encore, la contraction diminue. Le tableau suivant qui a son utilité dans la pratique, et a été calculé par Rudberg, pour la température de 15° indique la marche de ces phénomènes.

100 litres d'alcool pur	et	0 lit. d'eau	se contractent de	0 litres.
95	———	5	———	1.18
90	———	10	———	1.94
85	———	15	———	2.47
80	———	20	———	2.87
75	———	25	———	3.19
70	———	30	———	3.44
65	———	35	———	3.615
60	———	40	———	3.73
55	———	45	———	3.77
50	———	50	———	3.745
45	———	55	———	3.64
40	———	60	———	3.44
35	———	65	———	3.14
30	———	70	———	2.72
25	———	75	———	2.24
20	———	80	———	1.72
15	———	85	———	1.20
10	———	90	———	0.72
5	———	95	———	0.31
0	———	00	———	0.00

La contraction du mélange n'est pas la même aux autres températures; ainsi l'on a constaté que celle maxima à 15° C. ou 3lit.77, varie ainsi qu'il suit :

A + 40°.0 C.,	elle est de	3.97
+ 15°.0	—	3.77
+ 17°.5	—	3.60
+ 37°.5	—	3.31

L'alcool jouit de beaucoup d'autres propriétés physiques et chimiques, dont la connaissance n'est pas indispensable aux praticiens et pour l'étude desquelles nous renvoyons aux traités spéciaux.

On obtient l'alcool pur ou absolu en distillant le vin ou autres liquides alcooliques pour obtenir l'eau-de-vie, distillant de nouveau celui-ci pour avoir de l'esprit, et lorsque la force alcoolique n'augmente plus par une simple distillation, ce qui arrive lorsqu'il renferme environ 90 centièmes d'alcool en volume et 10 d'eau, on lui enlève ces 10 volumes d'eau en le distillant sur de la chaux vive.

L'alcool qu'on trouve dans le commerce est rarement l'alcool absolu, mais il est étendu d'une plus ou moins grande quantité d'eau et c'est sous cette forme qu'il porte, suivant ses forces, les noms d'esprit, d'eau-de-vie, etc.

Les eaux-de-vie de premier choix, pour boissons, provenant des pays renommés par leur production, sont généralement recherchées pour leur saveur délicate et leur arôme, et l'on s'embarrasse assez peu de leur richesse en alcool qui, du reste, est toujours assez élevée; mais il n'en est pas de même des eaux-de-vie communes, des alcools ou esprits, dont le prix doit être réglé d'après la quantité d'alcool pur qu'ils renferment ou leur richesse réelle. Il faut donc avoir un moyen pratique pour mesurer cette richesse, c'est-à-dire pour mesurer la quantité d'alcool absolu que ces liquides contiennent.

Il y a deux moyens généraux pour déterminer la quantité d'alcool pur que renferme un liquide alcoolique; le premier consiste dans l'emploi des aréomètres, et le second dans la recherche de la densité de ce liquide.

Un aréomètre est généralement un petit tube en verre ou en métal disposé pour flotter sur le liquide dont on veut mesurer la richesse en alcool et qui s'y enfonce d'autant plus que ce liquide est plus riche en alcool. Une échelle graduée que porte l'instrument, sert à faire connaître le chiffre de cette richesse.

On a fait jadis un usage fort étendu dans le commerce des eaux-de-vie de divers aréomètres, entre autres de ceux de Baumé et de Cartier, mais on leur a substitué généralement l'alcoomètre centésimal de Gay-Lussac qui fournit des résultats bien plus précis et est d'ailleurs le seul instrument adopté pour cet objet et par la régie des contributions indirectes.

Alcoomètre centésimal de Gay-Lussac.

Gay-Lussac, pour déterminer la quantité d'alcool que renferme une liqueur spiritueuse, a pris pour terme de comparaison l'alcool pur en volume à la température de 15° centigrades, et il a représenté la force de cet alcool par 100 centièmes, c'est-à-dire a pris cet alcool pour unité. En conséquence, la force d'un liquide alcoolique se trouve représentée par le nombre de centièmes en volume d'alcool pur que ce liquide renferme à la température de 15° C., ou mieux par le nombre de litres d'alcool que contiennent 100 litres de ce liquide à la même température.

L'alcoomètre centésimal a la forme d'un aréomètre ordinaire. Il est gradué à la température de 15° C., et son échelle est divisée en 100 parties ou degrés, dont chacune correspond à un centième d'alcool. Il plonge donc jusqu'au zéro dans l'eau pure, et jusqu'au chiffre 100 de son échelle dans l'alcool pur.

L'instrument fournit une indication parfaite et qui n'exige aucune correction, si la température du liquide distillé est exactement de 15° C. au-dessus de zéro, et dans beaucoup de circonstances on peut très-bien amener ce liquide à cette température par divers moyens simples.

L'appareil suppose donc l'emploi d'un thermomètre bien

exact qu'on plonge dans le liquide en même temps que l'aréomètre et qui fait connaître sa température.

Mais le plus communément, la température du liquide n'est pas de + 15° C., c'est celle de l'air ambiant. Si cette température est plus élevée, le liquide se dilate et augmente de volume, sa densité diminue, et l'alcoomètre dont le poids est invariable y enfonçant plus profondément, l'instrument indique un degré trop élevé, et son indication a besoin d'une correction. D'un autre côté, si la température est inférieure à 15° C., le liquide en se contractant augmente de densité, et l'alcoomètre y enfonce moins. Le degré qu'il indique est donc trop faible et a également besoin d'une correction pour être ramené à la température de 15° C., qui est celle normale ou de la graduation de l'instrument.

Supposons une eau-de-vie qui, mesurée à l'alcoomètre, marquerait 48°; si la temperature de ce liquide est de 15° C., 48° est bien exactement sa force réelle, c'est-à-dire que sur 100 litres il renferme 48 litres d'alcool pur et 52 d'eau. Mais si cette température est au-dessus ou au-dessous de 15° C., cette force n'est plus celle réelle, c'est celle apparente. Or, pour ramener cette force apparente à la force réelle, il faut faire subir une correction qu'on opère comme il suit :

Si cette eau-de-vie est à 0° de température, la force réelle est 53° 5, c'est-à-dire, qu'aux 48° de la force apparente, il faut ajouter 5° 3 pour avoir la force réelle.

Si l'eau-de-vie marque 27° de température, la force réelle de l'eau-de-vie est 43° 4, ou en d'autres termes, il faut retrancher 4° 6 à la force apparente de 48°.

On voit donc qu'en négligeant la correction de température, on ferait par hectolitre une erreur de 5 litres 5 dans le premier cas, et de 4 litres 6 dans le second, dans l'appréciation de la quantité réelle d'alcool contenu dans l'eau-de-vie.

Il en est de même de la recherche de la richesse alcoolique des esprits.

Gay-Lussac a publié en 1824, dans une *instruction pour l'usage de l'alcoomètre centésimal*, des tables à l'aide desquelles on peut trouver sans peine et presque sans calcul, les corrections à faire suivant la température. Ces tables sont au nombre de deux.

La première de ces tables qui porte pour titre : *Table de la force réelle des liquides spiritueux*, est construite comme une table à double entrée. Dans la première colonne verticale à gauche, sont inscrits les degrés de température de 0° à 30°, et la première colonne horizontale contient les centièmes d'alcool en volume, indiqués par l'instrument à la température de l'expérience.

Pour connaître le degré réel, ou celui que marquerait l'alcoomètre à la température normale, c'est-à-dire celle de 15° C., on prend dans la colonne verticale la température marquée au moment de l'expérience par le thermomètre, et on suit horizontalement jusqu'à ce qu'on arrive au-dessous de la colonne qui indique la force apparente donnée par l'alcoomètre. Au point de rencontre de ces deux colonnes, on trouve le chiffre tout corrigé de l'erreur de température ou la force réelle. Ainsi, on a opéré sur une eau-de-vie dans la force apparente ou à l'alcoomètre a été de 42° à 25° C. de température. En consultant la table, on trouve que la force réelle à cette température n'est plus que de 38°, qui est la véritable force de cette eau-de-vie.

Lorsque la force et la température sont exprimées en nombres fractionnaires, le moyen le plus exact est de prendre des parties proportionnelles ; mais Gay-Lussac donne pour cela deux règles simples que voici :

Première règle. *Pour la force*, négligez d'abord la fraction de la force apparente observée, cherchez ensuite la force réelle correspondante au nombre entier, et, au résultat, ajoutez la fraction.

Deuxième règle. *Pour la température*, prenez le nombre entier le plus près du nombre fractionnaire observé.

Gay-Lussac, dans son instruction, présente dans ce cas les exemples suivants :

Exemple de la première règle. L'alcoomètre indiquant 48° 4 pour la force apparente d'une eau-de-vie à la température de 22° C., on cherche d'abord la force réelle correspondant à 48° en négligeant la fraction 0,4, et on trouve 45° 3. On y ajoute la fraction 0,4, et on a 45° 7 pour la force réelle demandée.

Exemple de la deuxième règle. Si la température observée est 18° 7 C., je prends 19°, et si elle est de 7° 3, je prends seulement 7°, et on opère comme si elle était effectivement de 19° dans le premier cas, et de 7° dans le second.

Exemple de l'application des deux règles. La force apparente d'un esprit à la température de 23° 4 étant 86° 7, au lieu de 23° 4 C., je prends seulement 23°, et au lieu de 86° 7, je prends 68°. La force réelle de l'esprit devient 83° 8, et en y ajoutant 0,7 on a 84° 5.

En procédant ainsi, on ne fera pas, suivant Gay-Lussac, une erreur qui, en général, s'élève au-delà de 1/5 de degré de l'alcoomètre centésimal.

Table des corrections à faire subir aux degrés apparents de l'alcoomètre pour obtenir le degré réel des liquides spiritueux, à la température de 15 degrés centigrades.

(Cette table s'applique principalement aux vins.)

DEGRÉS centésimaux indiqués par l'alcoomètre.	DIFFÉRENCES EN MOINS à ajouter aux degrés indiqués par l'alcoomètre pour obtenir les degrés réels.															
	Degrés du thermomètre centigrade.															
	0	1	2	3	4	5	6	7	8	9	10	11	12	13	14	15
1	0	0	0	0	0	0	0	0	0	0	0	0	0	0	0	0
2	0	0	0	0	0	0	0	0	0	0	0	0	0	0	0	0
3	0	0	0	0	0	0	0	0	0	0	0	0	0	0	0	0
4	0	0	0	0	0	0	0	0	0	0	0	0	0	0	0	0
5	0	0	0	0	0	0	0	0	0	0	0	0	0	0	0	0
6	0	0	0	0	0	1	1	1	1	1	0	0	0	0	0	0
7	0	0	0	0	0	1	1	1	1	1	0	0	0	0	0	0
8	1	1	1	1	1	1	1	1	1	1	0	0	0	0	0	0
9	1	1	1	1	1	1	1	1	1	1	0	0	0	0	0	0
10	1	1	1	1	1	1	1	1	1	1	1	0	0	0	0	0
11	1	1	1	1	1	1	1	1	1	1	1	1	0	0	0	0
12	1	1	1	1	1	1	1	1	1	1	1	1	0	0	0	0
13	2	2	2	2	1	1	1	1	1	1	1	1	0	0	0	0
14	2	2	2	2	2	2	2	1	1	1	1	1	1	0	0	0
15	2	2	2	2	2	2	2	2	1	1	1	1	1	0	0	0
16	3	3	3	2	2	2	2	2	1	1	1	1	1	0	0	0
17	3	3	3	3	2	2	2	2	2	1	1	1	1	0	0	0
18	4	3	3	3	3	2	2	2	2	1	1	1	1	0	0	0
19	4	4	3	3	3	3	2	2	2	1	1	1	1	0	0	0
20	4	4	4	3	3	3	2	2	2	2	1	1	1	0	0	0
21	5	4	4	4	3	3	3	2	2	2	1	1	1	0	0	0
22	5	5	4	4	4	3	3	3	2	2	1	1	1	1	0	0
23	5	5	5	4	4	3	3	3	2	2	2	1	1	1	0	0
24	6	5	5	5	4	4	3	3	3	2	2	1	1	1	0	0
25	6	6	5	5	4	4	3	3	3	2	2	1	1	1	0	0
26	6	6	5	5	5	4	4	3	3	2	2	2	1	1	0	0
27	6	6	5	5	5	4	4	3	3	2	2	2	1	1	0	0
28	6	6	5	5	5	4	4	3	3	2	2	2	1	1	0	0
29	7	6	6	5	5	4	4	3	3	2	2	2	1	1	0	0
30	7	6	6	5	5	4	4	3	3	2	2	2	1	1	0	0

DEGRÉS centésimaux indiqués par l'alcoomètre.	DIFFÉRENCES EN PLUS à déduire des degrés indiqués par l'alcoomètre pour obtenir les degrés réels.														
1	0	0	0	0	1	1	1	1	1	1	1	1	1	1	1
2	0	0	0	0	1	1	1	1	1	1	1	0	0	0	0
3	0	0	0	0	1	1	1	1	1	1	1	2	2	2	2
4	0	0	0	0	1	1	1	1	1	1	1	2	2	2	2
5	0	0	0	1	1	1	1	1	1	1	2	2	2	2	2
6	0	0	0	1	1	1	1	1	1	1	2	2	2	2	2
7	0	0	0	1	1	1	1	1	1	2	2	2	2	2	2
8	0	0	0	1	1	1	1	1	1	2	2	2	2	2	3
9	0	0	0	1	1	1	1	1	1	2	2	2	2	2	3
10	0	0	0	1	1	1	1	1	2	2	2	2	2	3	3
11	8	0	0	1	1	1	1	1	2	2	2	2	2	3	3
12	0	0	0	1	1	1	1	1	2	2	2	2	3	3	3
13	0	0	1	1	1	1	1	2	2	2	2	2	3	3	3
14	0	0	1	1	1	1	1	2	2	2	2	3	3	3	3
15	0	0	1	1	1	1	2	2	2	2	2	3	3	3	4
16	0	0	1	1	1	1	2	2	2	2	3	3	3	4	4
17	0	0	1	1	1	2	2	2	2	3	3	3	3	4	4
18	0	1	1	1	1	2	2	2	2	3	3	3	4	4	4
19	0	1	1	1	1	2	2	2	3	3	3	3	4	4	4
20	0	1	1	1	2	2	2	2	3	3	3	4	4	4	5
21	0	1	1	1	2	2	2	3	3	3	3	4	4	4	5
22	0	1	1	1	2	2	2	3	3	3	4	4	4	5	5
23	0	1	1	1	2	2	2	3	3	3	4	4	4	5	5
24	0	1	1	1	2	2	2	3	3	3	4	4	4	5	5
25	0	1	1	1	2	2	3	3	3	4	4	4	5	5	5
26	0	1	1	1	2	2	3	3	3	4	4	4	5	5	5
27	0	1	1	2	2	2	3	3	3	4	4	4	5	5	6
28	0	1	1	2	2	2	3	3	4	4	4	5	5	5	6
29	0	1	1	2	2	2	3	3	4	4	4	5	5	5	6
30	0	1	1	2	2	3	3	3	4	4	4	5	5	6	6
	16	17	18	19	20	21	22	23	24	25	26	27	28	29	30
	Degrés du thermomètre centigrade.														

Table des corrections à faire subir aux degrés apparents indiqués par l'alcoomètre pour obtenir le degré réel des liquides spiritueux. (Cette table s'applique principalement aux esprits de vin.)

DIFFÉRENCES EN MOINS
à ajouter aux degrés indiqués par l'alcoomètre pour obtenir des degrés réels.

DEGRÉS centésimaux indiqués par l'alcoomètre.	0	1	2	3	4	5	6	7	8	9	10	11	12/13	14/15
31 à 34	7	6	6	5	5	4	4	3	3	2	2	2	1	0
35	6	6	6	5	5	4	4	3	3	2	2	2	1	0
36 à 39	6	6	6	5	5	1	4	3	3	3	2	2	1	0
40 à 44	6	6	5	5	5	4	4	3	3	3	2	2	1	0
45, 46	6	6	5	5	5	4	4	3	3	2	2	2	1	0
47 à 53	6	6	5	5	4	4	4	3	3	2	2	2	1	0
54 à 56	6	6	5	5	4	4	3	3	3	2	2	2	1	0
57 à 69	6	5	5	5	4	4	3	3	3	2	2	2	1	0
70, 71	6	5	5	4	4	4	3	3	3	2	2	2	1	0
72 à 78	6	5	5	4	4	4	3	3	3	2	2	1	1	0
79 à 83	5	5	5	4	4	4	3	3	3	2	2	1	1	0
84	5	5	5	4	4	4	3	3	2	2	2	1	1	0
85	5	5	5	4	4	3	3	3	2	2	2	1	1	0
86 à 90	5	5	4	4	4	3	3	3	2	2	2	1	1	0

Degrés du thermomètre centigrade.

DIFFÉRENCES EN PLUS
à déduire des degrés indiqués par l'alcoomètre pour obtenir des degrés réels.

DEGRÉS centésimaux indiqués par l'alcoomètre.	16	17/18	19	20	21	22	23	24	25	26	27	28	29	30
31, 32	0	1	2	2	3	3	3	4	4	5	5	5	6	6
33, 34	1	1	2	2	3	3	3	4	4	5	5	6	6	6
35, 36	1	1	2	2	3	3	3	4	4	5	5	6	6	6
37 à 40	1	1	2	2	3	3	4	4	4	5	5	6	6	6
41 à 43	0	1	2	2	3	3	3	4	4	5	5	6	6	6
44 à 46	0	1	2	2	3	3	3	4	4	5	5	5	6	6
47 à 59	0	1	2	2	2	3	3	4	4	5	5	5	6	6
60 à 70	0	1	2	2	2	3	3	4	4	4	5	5	6	6
71 à 72	0	1	2	2	2	3	3	4	4	4	5	5	5	6
73 à 82	0	1	2	2	2	3	3	3	4	4	5	5	5	6
83 à 85	0	1	1	2	2	3	3	3	4	4	5	5	5	6
84 à 87	0	1	1	2	2	3	3	3	4	4	4	5	5	6
88, 89	0	1	1	2	2	3	3	3	4	4	4	5	5	5
90	0	1	1	2	2	2	3	3	4	4	4	5	5	5

Degrés du thermomètre centigrade.

Mais les liquides augmentent ordinairement de volume avec les changements de température, et 1000 litres, par exemple, d'une eau-de-vie à 0° ou à 25° C. n'occupent pas le même volume qu'à 15° C. Ainsi, la force réelle ramenée à 15° C. a encore besoin d'une correction pour connaître la véritable richesse en alcool à ces températures.

Prenons, dit Gay-Lussac dans son instruction, 1000 litres mesurés à la température de 2° C, d'une eau-de-vie dont la force apparente soit de 44°. Sa force réelle, à la température de 15° C. sera, d'après la table, de 49°, mais en chauffant cette eau-de-vie jusqu'à 15° C. pour avoir sa force réelle, son volume augmentera, et, au lieu de 1000 litres à la température de 2° C, on en aura 1009 à celle de 15° C. Or, la table contient ces nombres réduits dans la même case que la force réelle précisément au-dessous de 49°, et, pour connaître la quantité d'alcool pur contenue dans ces 1009 litres, il suffit de multiplier ce nombre par 0,49, chiffre de la force réelle, ce qui donne 494 litres 41 pour cette quantité, que Gay-Lussac appelle richesse en alcool d'un liquide spiritueux ou simplement richesse.

Pour éviter ces multiplications dans l'usage de l'alcool centésimal, Gay-Lussac, dans son instruction, a formé un tableau où elles se trouvent toutes faites, et c'est cette seconde table qu'il intitule : *Table de la richesse des liquides spiritueux.*

Nous aurions bien désiré reproduire ici les tables de Gay-Lussac, mais l'*instruction pour l'usage de l'alcoomètre centésimal* étant une propriété privée, nous n'avons pu obtenir cette faveur. A défaut de ces tables, nous avons présenté dans les tableaux précédents celles des corrections à faire subir aux degrés apparents de l'alcoomètre que la régie des contributions indirectes en a déduites à l'usage des employés, tables destinées à l'usage du public et qui ne donnent pas une aussi grande précision, mais qui sont bien plus simples et plus commodes.

Essai des alcools par voie de densité.

Nous avons dit qu'il y a une autre méthode pour mesurer la richesse alcoolique des liqueurs spiritueuses et qui consiste à en prendre la densité. Cette méthode donne des résultats très-exacts, mais elle est moins expéditive que celle des aréomètres.

Pour prendre la densité d'un liquide on verse ce liquide, vin, eau-de-vie ou esprit dans une petite fiole à fond plat, dont on a pris très-exactement le poids, jusqu'à un trait de lime tracé sur son col et qui indique une capacité je suppose de 100 centimètres cubes. On pèse avec soin cette fiole, avec son contenu, sur des balances très-sensibles, puis on la vide et du poids trouvé on déduit celui de la fiole vide. Supposons qu'on ait trouvé pour le reste 90 gr. 82 ; on sait qu'à la température de la glace fondante 100 centimètres cubes d'eau distillée pèsent 100 grammes. Il en résulte que la densité de l'eau étant prise pour unité, celle du liquide en question sera de 0,9082 ; maintenant pour connaître sa richesse alcoolique il suffit de consulter la table suivante, dressée par Gay-Lussac, qui fait connaître les densités correspondantes aux degrés de l'alcoomètre centésimal à la température de 15° C.

DEGRÉS de l'alcoomètre.	DENSITÉS.	DEGRÉS de l'alcoomètre.	DENSITÉS.	DEGRÉS de l'alcoomètre.	DENSITÉS.	DEGRÉS de l'alcoomètre.	DENSITÉS.	DEGRÉS de l'alcoomètre.	DENSITÉS.
0	1.000	21	0.975	41	0.951	61	0.913	81	0.863
1	0.999	22	0.974	42	0.949	62	0.911	82	0.860
2	0.997	23	9.973	43	0.948	63	0.909	83	0.857
3	0.996	24	0.972	44	0.946	64	0.906	84	0.854
4	0.994	25	0.971	45	0.945	65	9.904	85	0.851
5	0.993	26	0.970	46	0.943	66	0.902	86	0.848
6	0.992	27	0.969	47	0.941	67	0.899	87	0.845
7	0.990	28	0.968	48	0.940	68	0.896	88	0.842
8	0.989	29	0.967	49	0.938	69	0.893	89	0.838
9	0.988	30	0.966	50	0.936	70	0.891	90	0.835
10	0.987	31	0.965	51	0.934	71	0.888	91	0.832
11	0.984	32	0.964	52	0.932	72	0.886	92	0.829
12	0.984	33	0.963	53	0.930	73	0.884	93	0.826
13	0.983	34	0.962	54	0.928	74	0.881	94	0.822
14	0.982	35	0.960	55	9.926	75	0.879	95	0.818
15	0.981	36	0.959	56	0.924	76	0.876	96	0.814
16	0.980	37	0.957	57	0.922	77	0.874	97	0.810
17	0.979	38	0.956	58	0.920	78	0.871	98	0.805
18	0.978	39	0.954	59	0.918	79	0.868	99	0.800
19	0.977	40	0 953	60	0.915	80	0.865	100	0.795
20	0.976								

Dans l'exemple que nous avons choisi, la densité 0.9082 constatée par expérience, se trouve comprise entre 0.906 et 0.909, densités qui correspondent à 64 et 63 degrés, ou centièmes de l'alcool centésimal; or, pour trouver le degré exact de l'esprit, on fera cette proportion :

0.003 (différence des densités 0.909 et 0.906) est à 0.0008 (différence entre la densité 0.909 et celle 0.9082) comme l'unité est à x, ou tout simplement on divisera 0.0008 par 0.003, et le quotient 0.266 sera ajouté à 63°, c'est-à-dire que le véritable degré de l'esprit sur lequel on a expérimenté sera 63°.266 de l'alcoomètre centésimal.

Nous devons, toutefois, faire remarquer que les pesées ont besoin d'une correction de température, et par conséquent qu'il faut aussi avoir recours au thermomètre pour s'assurer du degré de chaleur à laquelle on opère, puisque la table ci-dessus n'est établie que pour la température de 15° C. Mais, un moyen simple pour éviter cette correction, c'est d'amener la fiole à cette température en la réchauffant entre les mains si elle est au-dessous, ou en la plongeant dans l'eau froide si elle est au-dessus, jusqu'à ce que sa température soit descendue à celle normale.

L'aréomètre ou pèse-liqueur de Cartier étant encore d'un usage assez répandu, nous avons cru devoir insérer dans ce Manuel deux tables : l'une, p. 35, du rapport des degrés du pèse-liqueur de Cartier avec ceux de l'alcoomètre centésimal, et l'autre, p. 36, du rapport des degrés centésimaux avec ceux du pèse-liqueur de Cartier, et, en outre, voici une table pour convertir les degrés de Cartier en densités, et réciproquement.

Table de conversion des degrés de Cartier en densités.

Degrés de l'aréomètre.	Densités correspondantes.	Degrés de l'aréomètre.	Densités correspondantes.	Degrés de l'aréomètre.	Densités correspondantes.	Degrés de l'aréomètre.	Densités correspondantes.
10	1.000	19	0.935	27	0.880	35	0.831
11	1.000	20	0.928	28	0.873	36	0.825
12	0.990	21	0.921	29	0.867	37	0.820
13	0.981	22	0.914	30	0.861	38	0.814
14	0.973	23	0.907	31	0.855	39	0.808
15	0.965	24	0.900	32	0.848	40	0.802
16	0.958	25	0.893	33	0.842	41	0.797
17	0.950	26	0.886	34	0.837	42	0.792
18	0.943						

Quelques personnes font encore usage de l'échelle thermométrique le Réaumur, et comme tous les calculs d'aréométrie alcoolique sont basés sur la division centésimale du thermomètre, nous avons donné, la page suivante, les rapports des deux échelles.

Ouverture et Fermeture de l'Entrepôt et de ses annexes; des convois pour l'intérieur.

NOMBRE de périodes.	MOIS.	HEURES d'ouverture.	HEURES de fermeture.	HEURES du départ des convois.
1re. . .	Janvier, février, nov. et déc.	7 heures du matin.	5 heures du soir.	8 h., 10 h., midi et 3 h.
2e. . . .	Mars, avril, septembre et oct.	6 heures du matin.	6 heures du soir.	7 h., 10 h., midi 2 h. et 4 h.
3e. . . .	Mai, juin, juill. et août.	6 heures du matin.	7 heures du soir.	7 h., 9 h., 11 h., 1 h., 3 et 5 h.

Il faut toujours que les voituriers soient à l entrepôt une demi-heure avant l'heure du départ.

Droits à Payer pour le Dépotage.

CONTENANCE des fûts.	DROITS à percevoir	CONTENANCE des fûts.	DROITS à percevoir
VINS.		SPIRITUEUX.	
150 et au-dessous . .	0 f. 40	250 et au-dessous	0 f. 50
151 à 200.	0 50	251 à 350. . . .	0 60
201 à 300.	0 60	351 à 450. . . .	0 70
301 à 400.	0 70	451 et au-dessus.	1 »
401 à 500.	0 90		
501 à 600 et au-dessus	1 »		

NOTA. Les personnes qui ont besoin de connaître les bureaux des contributions indirectes, soit pour expédier des boissons à l'extérieur, soit pour autre chose, les trouveront : rue Duphot, 10; rue St.-Hyacinthe, 2, place St.-Michel; et rue de Vendôme, 2.

TABLES DE CONVERSION.

RAPPORT des degrés du thermomètre de Réaumur en degrés centigrades.

Réaumur.	Centigrade.	Réaumur.	Centigrade.	Réaumur.	Centigrade.
1	1.25	28	35.	55	68.75
2	2.50	29	36.25	56	70.
3	3.75	30	37.50	57	71.25
4	5.	31	38.75	58	72.50
5	6.25	32	40.	59	73.75
6	7.50	33	41.25	60	75.
7	8.75	34	42.50	61	76.25
8	10.	35	43.75	62	77.50
9	11.25	36	45.	63	78.75
10	12.50	37	46.25	64	80.
11	13.75	38	47.50	65	81.25
12	15.	39	48.75	66	82.50
13	16.25	40	50.	67	83.75
14	17.50	41	51.25	68	85.
15	18.75	42	52.50	69	86.25
16	20.	43	53.75	70	87.50
17	21.25	44	55.	71	88.75
18	22.50	45	56.25	72	90.
19	23.75	46	57.50	73	91.25
20	25.	47	58.75	74	92.50
21	26.25	48	60.	75	93.75
22	27.50	49	61.25	76	95.
23	28.75	50	62.50	77	96.25
24	30.	51	63.75	78	97.50
25	31.25	52	65.	79	98.75
26	32.50	53	66.25	80	100.
27	33.75	54	67.50		

RAPPORT des degrés du thermomètre centigrade en degrés Réaumur.

Centigrade.	Réaumur.	Centigrade.	Réaumur.	Centigrade.	Réaumur.
1	0.8	35	28.	69	55.2
2	1.6	36	28.8	70	56.
3	2.4	37	29.6	71	56.8
4	3.2	38	30.4	72	57.6
5	4.	39	31.2	73	58.4
6	4.8	40	32.	74	59.2
7	5.6	41	32.8	75	60.
8	6.4	42	33.6	76	60.8
9	7.2	43	34.4	77	61.6
10	8.	44	35.2	78	62.4
11	8.8	45	36.	79	63.2
12	9.6	46	36.8	80	64.
13	10.4	47	37.6	81	64.8
14	11.2	48	38.4	82	65.6
15	12.	49	39.2	83	66.4
16	12.8	50	40.	84	67.2
17	13.6	51	40.8	85	68.
18	14.4	52	41.6	86	68.8
19	15.2	53	42.4	87	69.6
20	16.	54	43.2	88	70.4
21	16.8	55	44.	89	71.2
22	17.6	56	44.8	90	72.
23	18.4	57	45.6	91	72.8
24	19.2	58	46.4	92	73.6
25	20.	59	47.2	93	74.4
26	20.8	60	48.	94	75.2
27	21.6	61	48.8	95	76.
28	22.4	62	49.6	96	76.8
29	23.2	63	50.4	97	77.6
30	24.	64	51.2	98	78.4
31	24.8	65	52.	99	79.2
32	25.6	66	52.8	100	80.
33	26.4	67	53.6		
34	27.2	68	54.4		

TABLES DE CORRESPONDANCE.

Rapport des degrés du pèse-liqueurs de Cartier avec ceux de l'alcoomètre centésimal.

Degrés de Cartier.	Degrés centésimaux.	Degrés de Cartier.	Degrés centésimaux.	Degrés de Cartier.	Degrés centésimaux.	Degrés de Cartier.	Degrés centésimaux.
10	0 0	18 1/2	48 3	27	72 6	35 1/2	89 4
10 1/4	1 3	18 3/4	49 2	27 1/4	73 1	35 3/4	89 8
10 1/2	2 6	19	50 1	27 1/2	73 7	36	90 2
10 3/4	3 9	19 1/4	51 »	27 3/4	74 3	36 1/4	90 6
11	5 3	19 1/2	51 8	28	74 8	36 1/2	91 »
11 1/4	6 7	19 3/4	52 6	28 1/4	75 3	36 3/4	91 4
11 1/2	8 3	20	53 4	28 1/2	75 9	37	91 8
11 3/4	9 9	20 1 4	54 2	28 3/4	76 4	37 1/4	92 1
12	11 6	20 1/2	55 »	29	77 »	37 1/2	92 5
12 1/4	13 2	20 3/4	55 8	29 1/4	77 5	37 3/4	92 9
12 1/2	15 »	21	56 5	29 1/2	78 »	38	93 3
12 3/4	16 8	21 1/4	57 2	29 3/4	78 6	38 1/4	93 6
13	18 8	21 1/2	58 »	30	79 1	38 1/2	94 »
13 1/4	20 6	21 3/4	58 8	30 1/4	79 6	38 3/4	94 3
13 1/2	22 5	22	59 5	30 1/2	80 1	39	94 6
13 3/4	24 3	22 1/4	60 2	30 3/4	80 7	39 1/4	94 9
14	26 1	22 1/2	60 9	31	81 2	39 1/2	95 2
14 1/4	27 9	22 3/4	61 6	31 1/4	81 7	39 3/4	95 6
14 1/2	29 5	23	62 3	31 1/2	82 2	40	95 9
14 3/4	31 1	23 1/4	63 »	31 3/4	82 7	40 1/4	96 2
15	32 6	23 1/2	63 7	32	83 2	40 1/2	96 5
15 1/4	34 »	23 3/4	64 4	32 1/4	83 6	40 3/4	96 8
15 1/2	35 4	24	65 »	32 1/2	84 1	41	97 1
15 3/4	36 6	24 1/4	65 7	32 3/4	84 6	41 1/4	97 4
16	37 9	24 1/2	66 3	33	85 1	41 1/2	97 7
16 1/4	39 1	24 3/4	67 »	33 1/4	85 5	41 3/4	98 »
16 1/2	40 3	25	67 7	33 1/2	86 »	42	98 2
16 3/4	41 4	25 1/4	68 3	33 3/4	86 5	42 1/4	98 4
17	42 5	25 1/2	68 9	34	86 9	42 1/2	98 7
17 1/4	43 5	25 3/4	69 6	34 1/4	87 3	42 3/4	98 9
19 1/2	44 5	26	70 2	34 1/2	87 7	43	99 2
17 3/4	45 5	26 1/4	70 8	34 3/4	88 1	43 1/4	99 5
18	46 5	26 1/2	71 4	35	88 6	43 1/2	99 8
18 1/4	47 4	26 3/4	72 »	35 1/4	89 »	43 3/4	100 »

TABLES DE CORRESPONDANCE.

Rapport des degrés centésimaux avec ceux donnés par le pèse-liqueurs de Cartier (1).

Degrés centésimaux.	Degrés de Cartier.	Degrés centésimaux.	Degrés de Cartier.	Degrés centésimaux.	Degrés de Cartier.	Degrés centésimaux.	Degrés de Cartier.
0	10	26	14	51	19 1/4	76	28 1/2
1	10 1/4	27	14 1/8	52	19 1/2	77	29
2	10 3/8	28	14 1/4	53	19 7/8	78	29 1/2
3	10 1/2	26	14 3/8	54	20 1/4	79	30
4	10 3/4	30	14 1/2	55	20 1/2	80	30 1/2
5	11	31	14 3/4	56	20 3/4	81	30 7/8
6	11 1/8	32	14 7/8	57	21 1/8	82	31 3/8
7	11 1/4	33	15	58	21 1/2	83	31 7/8
8	11 1/2	34	15 1/4	59	22 3/4	84	32 1/2
9	11 5/8	35	15 1/2	60	22 1/8	85	33
10	11 3/4	36	15 5/8	61	22 1/2	86	33 1/2
11	11 7/8	37	15 3/4	62	22 7/8	87	34
12	12 1/8	38	16	63	23 1/4	88	34 3/4
13	12 1/4	39	16 1/4	64	23 5/8	89	35 1/4
14	12 3/8	40	16 1/2	65	24	90	35 7/8
15	12 1/2	41	16 3/4	66	24 3/8	91	36 1/2
16	12 5/8	42	16 7/8	67	24 3/4	92	37 1/8
17	12 3/4	43	17	68	25 1/8	93	37 7/8
18	12 7/8	44	17 1/4	69	25 1/2	94	38 1/2
19	13	45	17 1/2	70	26	95	39 1/4
20	13 1/8	46	17 3/4	71	26 3/8	96	40
21	13 1/4	47	18 1/8	72	26 3/4	97	40 7/8
22	13 3/8	48	18 1/2	73	27 1/4	98	41 7/8
23	13 1/2	49	18 3/4	74	27 3/4	99	42 3/4
24	13 3/4	50	19	75	28	100	43 7/8
25	13 7/8						

(1) Les degrés de Cartier se divisant en quart, nous avons mis des huitièmes, qui sont la moitié d'un quart, pour qu'on trouvât plus facilement la comparaison des deux instruments. Ainsi, 3/8 est la moitié de 3/4.

CONVERSION DES VELTES EN LITRES.

Veltes.	Litres.	Veltes.	Litres.	Veltes.	Litres.	Veltes.	Litres.
1/2	3.80	26	197.86	51	388.11	76	578.36
1	7.61	27	205.47	52	395.72	77	585.97
2	15.22	28	213.08	53	403.33	78	593.58
3	22.83	29	220.69	54	410.95	79	601.19
4	30.44	30	228.30	55	418.55	80	608.80
5	38.05	31	235.91	56	426.16	81	616.41
6	45.66	32	243.52	57	433.77	82	624.02
7	53.27	33	251.13	58	441.38	83	631.63
8	60.88	34	248.74	59	448.99	84	639.24
9	68.49	35	266.35	60	456.60	85	646.85
10	76.10	36	273.96	61	464.21	86	654.46
11	83.71	37	281.57	62	471.82	87	662.07
12	91.32	38	289.18	63	479.43	88	669.68
13	98.93	39	296.79	64	487.04	89	677.29
14	106.54	40	304.40	65	494.65	90	684.90
15	114.15	41	312.01	66	502.26	91	692.51
16	121.76	42	319.62	67	509.87	92	700.12
17	128.37	43	327.23	68	517.48	93	707.73
18	136.98	44	334.84	69	525.09	94	715.34
19	144.59	45	342.45	70	532.70	95	722.95
20	152.20	46	350.06	71	540.31	96	730.56
21	159.81	47	357.67	72	547.92	97	738.17
22	167.42	48	365.28	73	555.53	98	745.78
23	175.03	49	372.89	74	563.14	99	753.39
24	182 64	50	380.50	75	570.75	100	761
25	190.25						

En général : 1° Pour convertir les veltes en litres, il faut multiplier le nombre de veltes par 761, et on sépare deux chiffres.

Exemple. On veut savoir combien 150 veltes font de litres ; il faut multiplier 761 par 150, ce qui donne 1141,50 pour le nombre de litres cherché.

CONVERSION DES LITRES EN VELTES.

Litres.	Veltes.	Litres.	Veltes.	Litres.	Veltes.	Litres.	Veltes.
1	0.13	26	3.41	51	6.69	76	9.95
2	0.26	27	3.55	52	6.82	77	10.08
3	0.39	28	3.60	53	6.95	78	10.21
4	0.52	29	3.91	54	7.08	79	10.34
5	0.65	30	3.94	55	7.21	80	10.47
6	0.79	31	4.07	56	7.35	81	10.60
7	0.92	32	4.20	57	7.48	82	10.33
8	1.04	33	4.33	58	7.61	83	10.86
9	1.18	34	4.46	59	7.74	84	11
10	1.31	35	4.59	60	7.87	85	11.13
11	1.44	36	4.72	61	8	86	11.26
12	1.57	37	4.85	62	8.13	87	11.39
13	1.70	38	4.99	63	8.26	88	11.52
14	1.83	39	5.12	64	8.39	89	11.65
15	1 97	40	5.25	65	8.52	90	11.78
16	2 10	41	5.38	66	8.65	91	11.92
17	2.23	42	5.51	67	8.78	92	12.06
18	2.36	43	5.64	68	8.91	93	12.19
19	2.49	44	5.77	69	9.04	94	12.32
20	2.62	45	5.90	70	9.17	95	12.45
21	2.75	46	6.03	71	9.30	96	12.59
22	2.88	47	6.16	72	9.43	97	12.72
23	3.02	48	6.30	73	9.56	98	12.96
24	3.15	49	6.43	74	9.69	99	13
25	3.28	50	6.56	75	9.82	100	13.14

2° Pour convertir les litres en veltes, il faut multiplier le nombre de litres par 1314, et séparer quatre chiffres.

Exemple. On veut savoir le nombre de veltes contenu dans 150 litres; en multipliant 1314 par 150, on obtient 19 veltes 71 centièmes, ou à peu près 19 veltes 3/4.

PRIX DE L'HECTOLITRE,

mis en rapport avec celui des 27 veltes, et de la velte ancienne.

PRIX de l'hectolit.	PRIX des 27 veltes.	PRIX de la velte.	PRIX de l'hectolit.	PRIX des 27 veltes.	PRIX de la velte.
fr.	fr. c.	fr. c.	fr.	fr. c.	fr. c.
40 »	82 19	3 04	79 »	162 33	6 01
41 »	84 25	3 12	80 »	164 39	6 08
42 »	86 30	3 19	81 »	166 44	6 16
43 »	87 36	3 27	82 »	168 50	6 24
44 »	90 41	3 34	83 »	170 56	6 31
45 »	92 46	3 43	84 »	172 61	6 39
46 »	94 52	3 50	85 »	174 66	6 46
47 »	96 58	3 57	86 »	176 72	6 54
48 »	98 63	3 65	87 »	178 77	6 61
49 »	100 69	3 72	88 »	180 83	6 69
50 »	102 73	3 80	89 »	182 88	6 77
51 »	104 78	3 88	90 »	184 94	6 85
52 »	106 84	3 95	91 »	187 »	6 92
53 »	108 89	4 03	92 »	189 05	7 »
54 »	110 95	4 11	93 »	191 11	7 08
55 »	113 »	4 18	94 »	193 16	7 15
56 »	115 06	4 26	95 »	195 22	7 23
57 »	117 11	4 34	96 »	197 27	7 30
58 »	119 17	4 41	97 »	199 32	7 38
59 »	121 22	4 49	98 »	201 38	7 45
60 »	123 28	4 56	99 »	203 43	7 52
61 »	125 33	4 64	100 »	205 48	7 60
62 »	127 39	4 72	101 »	207 53	7 68
63 »	129 44	4 80	102 »	209 59	7 75
64 »	131 50	4 87	103 »	211 64	7 83
65 »	133 55	4 95	104 »	213 70	7 90
66 »	135 61	5 02	105 »	215 75	7 98
57 »	137 68	5 10	106 »	217 80	8 05
68 »	139 72	5 17	107 »	219 86	8 14
69 »	141 78	5 25	108 »	221 91	8 21
70 »	143 83	5 32	109 »	223 96	8 29
71 »	145 89	5 40	110 »	226 02	8 36
72 »	147 94	5 47	111 »	228 07	8 44
73 »	150 »	5 55	112 »	230 13	8 52
74 »	152 05	5 63	113 »	232 18	8 60
75 »	154 11	5 71	114 »	234 24	8 67
76 »	156 17	5 78	115 »	236 30	8 75
77 »	158 22	5 86	116 »	238 35	8 82
78 »	160 28	5 93	117 »	240 40	8 90

PRIX de l'hectolit.	PRIX des 27 veltes.	PRIX de la velte.	PRIX de l'hectolit.	PRIX des 27 veltes.	PRIX de la velte.
fr.	fr. c.	fr. c.	fr.	fr. c.	fr. c.
118 »	242 46	8 98	160 »	328 78	12 16
119 »	244 52	9 05	161 »	330 83	12 24
120 »	246 57	9 13	162 »	332 88	12 32
121 »	248 63	9 20	163 »	334 94	12 40
122 »	250 68	9 28	164 »	337 »	12 48
123 »	252 74	9 35	165 »	339 06	12 55
124 »	254 79	9 44	166 »	341 12	12 62
125 »	256 84	9 52	167 »	343 17	12 70
126 »	258 89	9 60	168 »	345 22	12 78
127 »	260 94	9 67	169 »	347 27	12 86
128 »	263 »	9 74	170 »	349 32	12 92
129 »	265 05	9 82	171 »	351 38	13 »
130 »	267 10	9 90	172 »	353 44	13 08
131 »	269 16	9 97	173 »	355 49	13 15
132 »	271 22	10 04	174 »	357 56	18 22
133 »	273 27	10 12	175 »	359 60	13 30
134 »	275 32	10 20	176 »	361 66	13 38
135 »	277 38	10 27	177 »	363 71	13 46
136 »	279 44	10 34	178 »	365 76	13 54
137 »	281 49	10 42	179 »	367 82	13 62
138 »	283 56	10 50	180 »	369 88	13 70
139 »	285 61	10 57	181 »	371 94	13 77
140 »	287 66	10 64	182 »	374 »	13 84
141 »	289 72	10 72	183 »	376 05	13 92
142 »	291 78	10 80	184 »	378 10	14 »
143 »	293 84	10 87	185 »	380 16	14 08
144 »	295 88	10 94	186 »	382 22	14 16
145 »	297 94	11 02	187 »	384 27	14 23
146 »	300 »	11 10	188 »	386 32	14 30
147 »	302 05	11 18	189 »	388 38	14 38
148 »	304 11	11 26	190 »	390 44	14 46
149 »	306 17	11 34	191 »	392 49	14 53
150 »	308 23	11 42	192 »	394 54	14 60
151 »	310 38	11 49	193 »	396 59	14 68
152 »	312 34	11 56	194 »	398 64	14 76
153 »	314 39	11 64	195 »	400 70	14 83
154 »	316 44	11 72	196 »	402 76	14 S0
155 »	318 50	11 80	197 »	404 81	14 97
156 »	320 56	11 86	198 »	406 86	15 04
157 »	322 61	11 94	199 »	408 91	15 12
158 »	324 66	12 02	200 »	410 96	15 20
159 »	326 72	12 09			

Explication des deux tarifs qui suivent.

Pour l'explication du tarif Ier, il faut comprendre que les débitants payent 10 pour 100, plus le dixième de ces 10 pour 100, qu'on appelle le décime, sur le prix déclaré de la vente en détail, avec la déduction de 3 pour 100 qui est accordée pour coulage et consommation; soit, par exemple, 100 litres à 35 c. le litre, ce qui fait 35 fr., le dixième fait 3 fr. 50 c., et le dixième de ces 3 fr. 50 c. fait 35 c., qui, ajoutés à 3 fr. 50 c., font 3 fr. 85 c., dont on doit ôter 3 pour 100; on n'a qu'à multiplier 3 fr. 85 c. par 3 et à séparer quatre chiffres, ce qui donne seulement 11 c., que l'on retranche de 3 fr. 85 c., et il reste à payer 3 fr. 74 c., comme on le voit dans le tarif Ier.

Autre exemple. Soit une feuillette de 136 litres, à 50 c. le litre, ce qui fait 68 fr., dont le dixième est 6 fr. 80 c., et le dixième de 6 fr. 80 c. égale 68 c., qui, joints à 6 fr. 80 c., égale 7 fr. 48 c.; maintenant, pour ôter le 3 p. 100, si l'on multiplie 7 fr. 48 c. par 3, et qu'on sépare quatre chiffres, il vient 22 c., que l'on ôte de 7 fr. 48 c.; reste 7 fr. 26 c. pour le droit que l'on doit payer; tous les autres nombres du tarif Ier ont été calculés de même. Quant au bourgeois, il n'est assujetti qu'à payer 1 fr. par hectolitre, plus le décime, indépendamment du droit municipal, qui est aussi payé par le débitant. Ce droit varie suivant la population et les besoins de chaque commune. Le tarif II indique ce qu'on doit payer pour chaque département, suivant la classe à laquelle il appartient.

TARIF Ier. — *Des sommes que doivent payer les débitants à la régie sur les vins, eaux-de-vie et liqueurs*

VINS.	PRIX du litre.	SOMMES dues à la régie.	VINS.	PRIX du litre.	SOMMES dues à la régie.	ALCOOL.	DEGRÉS de Cartier.	PRIX du litre.	SOMMES dues à la régie.
lit.	f. c.	fr. c.	lit.	f. c.	fr. c.	lit.		c.	fr. c.
100	» 10	1 07	125	» 45	6 02	100	17	41	14 89
136	» 10	1 45	136	» 45	6 54	100	17 1/2	43	15 61
280	» 10	2 47	212	» 45	10 19	100	18	45	16 34
236	» 10	2 52	220	» 45	10 58	100	18 1/2	47	17 07
100	» 15	1 61	225	» 45	10 82	100	19	49	17 79
136	» 15	2 18	228	» 45	10 96	100	19 1/2	51	18 51
230	» 15	3 69	230	» 45	11 05	100	20	53	19 23
236	» 15	3 79	236	» 45	11 35	100	21 3/4	58	21 05
100	» 20	2 14	245	» 45	11 77	100	38	85	30 85
136	» 20	2 91	250	» 45	12 04				
230	» 20	4 92	100	» 50	5 34	25 bouteilles de liq.			9 08
236	» 20	5 04	110	» 50	5 88				
100	» 25	2 68	115	» 50	6 14				
136	» 25	3 68	125	» 50	6 68				
230	» 25	6 14	136	» 50	7 26				
236	» 25	6 31	212	» 50	11 32				
100	» 30	3 20	220	» 50	11 74				
136	» 30	4 36	225	» 50	12 02				
230	» 30	7 37	228	» 50	12 17				
236	» 30	7 56	230	» 50	12 28				
100	» 35	3 74	236	» 50	12 60				
136	» 35	5 09	245	» 50	13 08				
230	» 35	8 60	250	» 50	13 35				
236	» 35	8 83	100	» 60	6 41				
100	» 40	4 27	110	» 60	7 06				
110	» 40	4 70	115	» 60	7 37				
115	» 40	4 92	125	» 60	8 01				
125	» 40	5 34	186	» 60	8 72				
136	» 40	5 81	212	» 60	13 58				
212	» 40	9 06	220	» 60	14 10				
220	» 40	9 40	225	» 60	14 41				
225	» 40	9 61	230	» 60	14 73				
228	» 40	9 74	236	» 60	15 12				
230	» 40	9 83	245	» 60	15 69				
236	» 40	10 08	250	» 60	16 01				
245	» 40	10 46	100	» 70	7 47				
250	» 40	10 67	100	» 75	8 01				
100	» 45	4 81	100	» 80	9 54				
110	» 45	5 29	100	» 90	9 61				
115	» 45	5 54	100	1 »	10 67				

DROITS DE CIRCULATION SUR LE VIN.

TARIF II.

Des droits à payer pour les congés sur les boissons, par chaque département, d'après la classe à laquelle il appartient.

1re CLASSE. — 60 CENTIMES par hectolitre.	2e CLASSE. — 80 CENTIMES par hectolitre.	3e CLASSE. — 1 FRANC par hectolitre.	4e CLASSE. — 1 FR. 20 C. par hectolitre.
Alpes (Basses-)	Ain.	Aisne.	Ardennes.
Arriége.	Allier.	Cantal.	Calvados.
Aube.	Alpes (Hautes-)	Corèze.	Côtes-du-Nord.
Aude.	Ardèche.	Creuse.	Finisterre.
Aveyron.	Cher.	Doubs.	Ille-et-Vilaine.
Bouches-du-Rh.	Côte-d'Or.	Eure.	Manche.
Charente.	Drôme.	Eure-et-Loir.	Mayenne.
Charente-Infér.	Indre.	Jura.	Nord.
Dordogne.	Indre-et-Loire.	Loire.	Orne.
Gard.	Isère.	Loire (Haute-).	Pas-de-Calais.
Garonne (Hte-).	Loir-et-Cher.	Lozère.	Seine-Infér.
Gers.	Loire-Infér.	Morbihan.	Somme.
Gironde.	Loiret.	Oise.	
Hérault.	Maine-et-Loire.	Rhin (Bas-).	
Landes.	Marne.	Rhin (Haut-).	
Lot.	Marne (Haute-)	Rhône.	
Lot-et-Garonne	Meurthe.	Saône-et-Loire.	CIDRE.
Pyrén. (Bses-).	Meuse.	Saône (Haute-).	—
Pyrén. (Htes-).	Moselle.	Sarthe.	
Pyrén.-Orient.	Nièvre.	Seine.	
Tarn.	Puy-de-Dôme.	Seine-et-Marne	50 CENTIMES
Tarn-et-Garon.	Sèvres (Deux-).	Seine-et-Oise.	par hectolitre.
Var.	Vendée.	Vienne (Hte-).	
Vaucluse.	Vienne.	Vosges.	
	Yonne.		

TARIF D'OCTROI POUR PARIS.

1 hectolitre d'alcool pur paye 107 fr. 40 c.

Degrés centésimaux.	Degrés de Cartier.	Droits d'entrée.	Degrés centésimaux.	Degrés de Cartier.	Droits d'entrée.	Degrés centésimaux.	Degrés de Cartier.	Droits d'entrée.
		fr. c.			fr. c.			fr. c.
35	15 1/2	37 59	54	20 1/4	57 99	73	27 1/4	78 40
36	15 5/8	38 66	55	20 1/2	59 06	74	27 3/4	79 47
37	15 3/4	39 74	56	20 3/4	60 14	75	28	80 55
38	16	40 81	57	21 1/8	61 21	76	28 1/2	81 62
39	16 1/4	41 89	58	21 1/2	62 29	77	29	82 70
40	16 1/2	42 96	59	21 3/4	63 36	78	29 1/2	83 77
41	16 3/4	44 05	60	22 1/8	64 44	79	30	84 85
42	16 7/8	45 11	61	22 1/2	65 51	80	30 1/2	85 92
43	17	46 18	62	22 7/8	66 59	81	30 7/8	86 99
44	17 1/4	47 26	63	23 1/4	67 66	82	31 3/8	88 06
45	17 1/2	48 32	64	23 5/8	68 74	83	31 7/8	89 14
46	17 3/4	49 39	65	24	69 81	84	32 1/2	90 21
47	18 1/8	50 47	66	24 3/8	70 89	85	33	91 29
48	18 1/2	51 54	67	24 3/4	71 96	86	33 1/2	92 36
49	18 3/4	52 62	68	25 1/8	73 04	87	34	93 44
50	19	53 69	69	25 1/2	74 11	88	34 3/4	94 51
51	19 1/4	54 76	70	26	75 19	89	35 1/4	95 59
52	19 1/2	55 84	71	26 3/8	76 26	90	35 7/8	96 66
53	19 7/8	56 91	72	26 3/4	77 34			

Ce tarif fait connaître de suite la somme qu'il faut payer à l'octroi de Paris par hectolitre, pour une eau-de-vie ou un esprit dont le degré est compris entre 35 et 90. On paye en plus 10 c. par expédition.

TARIF D'OCTROI POUR PARIS.

1 hectolitre de vin paye 20 fr. 60 c.

Hectolitres.	Droits.	Hectolitres.	Droits.	Hectolitres.	Droits.	Hectolitres.	Droits.
	fr. c.		fr. c.		fr. c.		fr. c.
1	20 60	26	535 60	51	1050 60	76	1565 60
2	41 20	27	556 20	52	1071 20	77	1586 20
3	63 80	28	576 80	53	1091 80	78	1606 80
4	82 40	29	597 40	54	1112 40	79	1627 40
5	103	30	618	55	1133	80	1648
6	123 60	31	638 60	56	1153 60	81	1668 60
7	144 20	32	659 20	57	1174 20	82	1689 20
8	164 80	33	679 80	58	1194 80	83	1709 80
9	185 40	34	700 40	59	1215 40	84	1730 40
10	206	35	721	60	1236	85	1751
11	226 60	36	741 60	61	1256 60	86	1771 60
12	247 20	37	762 20	62	1277 20	87	1792 20
13	267 80	38	782 80	63	1297 80	88	1812 80
14	288 40	39	803 40	64	1318 40	89	1833 40
15	309	40	824	65	1339	90	1854
16	329 60	41	844 60	66	1359 60	91	1874 60
17	350 20	42	865 20	67	1380 20	92	1895 20
18	370 80	43	885 80	68	1400 80	93	1915 80
19	391 40	44	906 40	69	1421 40	94	1936 40
20	412	45	927	70	1442	95	1957
21	432 60	46	947 60	71	1462 60	96	1977 60
22	453 20	47	968 20	72	1483 20	97	1998 20
23	473 80	48	988 80	73	1503 80	98	2018 80
24	494 40	49	1009 40	74	1524 40	99	2039 40
25	515	50	1030	75	1545	100	2060

On paye en plus 10 c. par expédition. Le vin en bouteille paye 30 c. la bouteille ou 30 fr. l'hectolitre.

TABLEAU des bureaux de sortie de la banlieue.

ROUTE QUE DESSERVENT LES BUREAUX.	NOMS DES BUREAUX.
VERSAILLES, par le pont de Sèvres.........	Le Point-du-Jour.
SAINT-CLOUD, par la route impériale.......	Le même.
SAINT-CLOUD, par Auteuil et le bois de Boulogne..............................	Boulogne.
SAINT-CLOUD, SÈVRES, VERSAILLES, } par le pont de Neuilly.....	Suresnes.
NOUVELLE ROUTE DE PONTOISE, par les ponts de Neuilly et de Besons...............	Neuilly.
SAINT-GERMAIN, par le pont de Chatou ou par Marly............................	Nanterre.
PONTOISE, par Épinay....................	Épinay.
SAINT-LEU-TAVERNY, Montmorency et autres routes de la vallée....................	Saint-Denis.
LES ROUTES en sortant de Pierrefitte......	Pierrefitte.
GONESSE..............................	Saint-Denis.
SENLIS...............................	Le Bourget.
BONDY................................	Bondy.
ROUTES en sortant de Montreuil...........	Montreuil.
ROUTES en sortant du bois de Vincennes, par la porte de Nogent.................	Nogent.
ROUTES en sortant du pont de Saint-Maur..	Pont de Saint-Maur.
ROUTES en sortant de Créteil............	Créteil.
ROUTE de Melun........................	Maisons.
CHOISY, par eau ou par terre.............	Choisy.
FONTAINEBLEAU.........................	Villejuif.
ORLÉANS..............................	Antony.
ROUTES DE VERSAILLES ET DE CHEVREUSE, par Berny...........................	Châtenay.
Idem, par Châtillon....................	Châtillon.
ROUTES DE SÈVRES, MEUDON ET VERSAILLES, par Issy............................	Issy.

TABLEAU des lieux qui peuvent seuls être désignés comme points de sortie pour les boissons expédiées à l'étranger par la voie de terre.

DÉPARTEMENTS.	ARRONDISSEMENTS.	POINTS DE SORTIE.
NORD	Dunkerque	Zuydcoote, Ouest-Cappel.
	Hazebrouck	Hameau de la Bècle, Lesceau.
	Lille	Armantières, Halluin. Baisieux, Monchin.
	Douai	Maulde, Bonsecours, Blanc-misson.
	Avesnes	Bétignies, Jeumont, Trelon.
ARDENNES	Rocroi	Gued'houssus, Givet, Fumay.
	Sedan	La Chapelle, Messincourt.
MEUSE	Montmédy	Fagny, Grand-Verneuil.
MOSELLE	Briey	La Malmaison, Mont Saint-Martin.
	Thionville	Ottange, Roussy, Sierck, Tromborn.
	Sarreguemines	Carling, Forbach, Frœnemberg.
BAS-RHIN	Wissembourg	Lembach, Wissembourg, Lauterbourg.
	Strasbourg	La Wautzenau, le Pont du Rhin.
	Schélestadt	Marckolsheim.
HAUT-RHIN	Colmar	Artzenheim, Ile de Paille.
	Altkirch	Saint-Louis.
	Belfort	Delle.
DOUBS	Montbéliard	Vellers-sous-Blâmont.
	Pontarlier	Les Echampay, Verrières de Joux, Villers.
JURA	Saint-Claude	Le Bois d'Amont, les Landes.
AIN	Gex	Pouilly, Saint-Denis.
	Belley	Seyssel, Port de Cordon.
ISÈRE	Latour-Dupin	Le Pont de Beauvoisin.
	Grenoble	Pont Charras, Chapareillan.
HAUTES-ALPES	Briançon	Mont Genèvre.
VAR	Grasse	Saint-Laurent du Var.
PYRÉNÉES-OR	Céret	Saint-Laurent de Cerdas.
	Prades	Prats de Mallo, Bourg de Madame.
HAUTE-GARONNE	Saint-Gaudens	Fos.
BASSES-PYRÉNÉES	Oléron	Urdos.
	Mauléon	Arneguy.
	Bayonne	Ainhoa, Béhobie, Saint-Jean de Luz.

PRIX de l'hectolitre, du décalitre et du litre, comparativement à la velte, ancienne mesure dont il ne doit plus être question dans les transactions commerciales, sous peine d'amende, conformément à la loi du 4 juillet 1837.

PRIX de l'hectolitre.	PRIX du décalitre.	PRIX du litre.	PRIX de la velte.
fr. c.	fr. c.	fr. c.	fr. c.
10 »	1 »	0 10	0 76
10 50	1 05	0 10 5	0 80
11 »	1 10	0 11	0 83
11 50	1 15	0 11 5	0 87
12 »	1 20	0 12	0 91
12 50	1 25	0 12 5	0 95
13 »	1 30	0 13	0 98
13 50	1 35	0 13 5	1 02
14 »	1 40	0 14	1 06
14 50	1 45	0 14 5	1 10
15 »	1 50	0 15	1 14
15 50	1 55	0 15 5	1 18
16 »	1 60	0 16	1 21
16 50	1 65	0 16 5	1 25
17 »	1 70	0 17	1 29
17 50	1 75	0 17 5	1 33
18 »	1 80	0 18	1 37
18 50	1 85	0 18 5	1 40
19 »	1 90	0 19	1 45
19 50	1 95	0 19 5	1 49
20 »	2 »	0 20	1 52
20 50	2 05	0 20 5	1 56
21 »	2 10	0 21	1 59
21 50	2 15	0 21 5	1 63
22 »	2 20	0 22	1 67
22 50	2 25	0 22 5	1 71
23 »	2 30	0 23	1 75
23 50	2 35	0 23 5	1 78
24 »	2 40	0 24	1 82
24 50	2 45	0 24 5	1 85
25 »	2 50	0 25	1 90
25 50	2 55	0 25 5	1 94

PRIX de l'hectolitre.		PRIX du décalitre.		PRIX du litre.		PRIX de la velte.	
fr.	c.	fr.	c.	fr.	c.	fr.	c.
26	»	2	60	0	26	1	97
26	50	2	65	0	26 5	2	01
27	»	2	70	0	27	2	06
27	50	2	75	0	27 5	2	09
28	»	2	80	0	28	2	13
28	50	2	85	0	28 5	2	16
29	»	2	90	0	29	2	21
29	50	2	95	0	29 5	2	25
30	»	3	»	0	30	2	28
30	50	3	05	0	30 5	2	32
31	»	3	10	0	31	2	35
31	50	3	15	0	31 5	2	39
32	»	3	20	0	32	2	43
32	50	3	25	0	32 5	2	47
33	»	3	30	0	33	2	51
33	50	3	35	0	33 5	2	54
34	»	3	40	0	34	2	58
34	50	3	45	0	34 5	2	62
35	»	3	50	0	35	2	66
35	50	3	55	0	35 5	2	70
36	»	3	60	0	36	2	73
36	50	3	65	0	36 5	2	77
37	»	3	70	0	37	2	81
37	50	3	75	0	37 5	2	85
38	»	3	80	0	38	2	89
38	50	3	85	0	38 5	2	94
39	»	3	90	0	39	2	97
39	50	3	95	0	39 5	3	»
40	»	4	»	0	40	3	04
40	50	4	05	0	40 5	3	08
41	»	4	10	0	41	3	12
41	50	4	15	0	41 5	3	15
42	»	4	20	0	42	3	19
42	50	4	25	0	42 5	3	23
43	»	4	30	0	43	3	27
43	50	4	35	0	43 5	3	31
44	»	4	40	0	44	3	34
44	50	4	45	0	44 5	3	38

PRIX de l'hectolitre.		PRIX du décalitre.		PRIX du litre.		PRIX de la velte.	
fr.	c.	fr.	c.	fr.	c.	fr.	c.
45	»	4	50	0	45	3	42
45	50	4	55	0	45 5	3	46
46	»	4	60	0	46	3	50
46	50	4	65	0	46 5	3	53
47	»	4	70	0	47	3	57
47	50	4	75	0	47 5	3	61
48	»	4	80	0	48	3	65
48	50	4	85	0	48 5	3	69
49	»	4	90	0	49	3	73
49	50	4	95	0	49 5	3	77
50	»	5	»	0	50	3	80
50	50	5	05	0	50 5	3	84
51	»	5	10	0	51	3	88
51	50	5	15	0	51 5	3	91
52	»	5	20	0	52	3	95
52	50	5	25	0	52 5	4	»
53	»	5	30	0	53	4	03
53	50	5	35	0	53 5	4	07
54	»	5	40	0	54	4	11
54	50	5	45	0	54 5	4	15
55	»	5	50	0	55	4	18
55	50	5	55	0	55 5	4	22
56	»	5	60	0	56	4	26
56	50	5	65	0	56 5	4	30
57	»	5	70	0	57	4	34
57	50	5	75	0	57 5	4	38
58	»	5	80	0	58	4	41
58	50	5	85	0	58 5	4	45
59	»	5	90	0	59	4	49
59	50	5	95	0	59 5	4	52
60	»	6	»	0	60	4	56
60	50	6	05	0	60 5	4	60
61	»	6	10	0	61	4	64
61	50	6	15	0	61 5	4	68
62	»	6	20	0	62	4	72
62	50	6	25	0	62 5	4	76
63	»	6	30	0	63	4	80
63	50	6	35	0	63 5	4	84

PRIX de l'hectolitre.		PRIX du décalitre.		PRIX du litre.		PRIX de la velte.	
fr.	c.	fr.	c.	fr.	c.	fr.	c.
64	»	6	40	0	64	4	87
64	50	6	45	0	64 5	4	91
65	»	6	50	0	65	4	95
65	50	6	55	0	65 5	4	98
66	»	6	60	0	66	5	02
66	50	6	65	0	66 5	5	06
67	»	6	70	0	67	5	10
67	50	6	75	0	67 5	5	13
68	»	6	80	0	68	5	17
68	50	6	85	0	68 5	5	20
69	»	6	90	0	69	5	25
69	50	6	95	0	69 5	5	28
70	»	7	»	0	70	5	32
70	50	7	00	0	70 5	5	36
71	»	7	15	0	71	5	40
71	50	7	15	0	71 5	5	44
72	»	7	20	0	72	5	47
72	50	7	25	0	72 5	5	51
73	»	7	30	0	73	5	55
73	50	7	35	0	73 5	5	59
74	»	7	40	0	74	5	63
74	50	7	45	0	74 5	5	66
75	»	7	50	0	75	5	71
75	50	7	55	0	75 5	5	74
76	»	7	60	0	76	5	78
76	50	7	65	0	76 5	5	82
77	»	7	70	0	77	5	86
77	50	7	75	0	77 5	5	89
78	»	7	80	0	78	5	93
78	50	7	85	0	78 5	5	97
79	»	7	90	0	79	6	01
79	50	7	95	0	79 5	6	05
80	»	8	»	0	80	6	08
80	50	8	05	0	80 5	6	12
81	»	8	10	0	81	6	16
81	50	8	15	0	81 5	6	20
82	»	8	20	0	82	6	24
82	50	8	25	0	82 5	6	27

PRIX de l'hectolitre.		PRIX du décalitre.		PRIX du litre.		PRIX de la velte.	
fr.	c.	fr.	c.	fr.	c.	fr.	c.
83	»	8	30	0	83	6	31
83	50	8	35	0	83 5	6	35
84	»	8	40	0	84	6	39
84	50	8	45	0	84 5	6	43
85	»	8	50	0	85	6	46
85	50	8	55	0	85 5	6	50
86	»	8	60	0	86	6	54
86	50	8	65	0	86 5	6	58
87	»	8	70	0	87	6	61
87	50	8	75	0	87 5	6	65
88	»	8	80	0	88	6	69
88	50	8	85	0	88 5	6	73
89	»	8	90	0	89	6	77
89	50	8	95	0	89 5	6	81
90	»	9	»	0	90	6	85
90	50	9	05	0	90 5	6	88
91	»	9	10	0	91	6	92
91	50	9	15	0	91 5	6	96
92	»	9	20	0	92	7	»
92	50	9	25	0	92 5	7	04
93	»	9	30	0	93	7	08
93	50	9	35	0	93 5	7	11
94	»	9	40	0	94	7	15
94	50	9	45	0	94 5	7	20
95	»	9	50	0	95	7	23
95	50	9	55	0	95 5	7	26
96	»	9	60	0	96	7	30
96	50	9	65	0	96 5	7	34
97	»	9	70	0	97	7	38
97	50	9	75	0	97 5	7	42
98	»	9	80	0	98	7	45
98	50	9	85	0	98 5	7	49
99	»	9	90	0	99	7	52
99	50	9	95	0	99 5	7	56
100	»	10	»	1	00	7	60
100	50	10	05	1	00 5	7	64
101	»	10	10	1	01	7	68
101	50	10	15	1	01 5	7	71

PRIX de l'hectolitre.		PRIX du décalitre.		PRIX du litre.		PRIX de la velte.	
fr.	c.	fr.	c.	fr.	c.	fr.	c.
102	»	10	20	1	02	7	75
102	50	10	25	1	02 5	7	80
103	»	10	30	1	03	7	83
103	50	10	35	1	03 5	7	86
104	»	10	40	1	04	7	90
104	50	10	45	1	04 5	7	94
105	»	10	50	1	05	7	98
105	50	10	55	1	05 5	8	02
106	»	10	60	1	06	8	05
106	50	10	65	1	06 5	8	10
107	»	10	70	1	07	8	14
107	50	10	75	1	07 5	8	18
108	»	10	80	1	08	8	21
108	50	10	85	1	08 5	8	25
109	»	10	90	1	09	8	29
109	50	10	95	1	09 5	8	33
110	»	11	»	1	10	8	36
110	50	11	05	1	10 5	8	40
111	»	11	10	1	11	8	44
111	50	11	15	1	11 5	8	48
112	»	11	20	1	12	8	52
112	50	11	25	1	12 5	8	56
113	»	11	30	1	13	8	60
113	50	11	35	1	13 5	8	64
114	»	11	40	1	14	8	67
114	50	11	45	1	14 5	8	71
115	»	11	50	1	15	8	75
115	50	11	55	1	15 5	8	78
116	»	11	60	1	16	8	82
116	50	11	65	1	16 5	8	86
117	»	11	70	1	17	8	90
117	50	11	75	1	17 5	8	94
118	»	11	80	1	18	8	98
118	50	11	85	1	18 5	9	01
119	»	11	90	1	19	9	05
119	50	11	95	1	19 5	9	09
120	»	12	»	1	20	9	13
120	50	12	05	1	20 5	9	17

PRIX de l'hectolitre.	PRIX du décalitre.	PRIX du litre.	PRIX de la velte.
fr. c.	fr.	fr. c.	fr. c.
121 »	12 10	1 21	9 20
121 50	12 15	1 21 5	9 24
122 »	12 20	1 22	9 28
122 50	12 25	1 22 5	9 32
123 »	12 30	1 23	9 35
123 50	12 35	1 23 5	9 39
124 »	12 40	1 24	9 44
124 50	12 45	1 24 5	9 48
125 »	12 50	1 25	9 52
125 50	12 55	1 25 5	9 55
126 »	12 60	1 26	9 58
126 50	12 65	1 26 5	9 62
127 »	12 70	1 27	9 66
127 50	12 75	1 27 5	9 70
128 »	12 80	1 28	9 74
128 50	12 85	1 28 5	9 77
129 »	12 90	1 29	9 82
129 50	12 95	1 29 5	9 86
130 »	13 »	1 30	9 90
130 50	13 05	1 30 5	9 93
131 »	13 10	1 31	9 97
131 50	13 15	1 31 5	10 »
132 »	13 20	1 32	10 04
132 50	13 25	1 32 5	10 08
133 »	13 30	1 33	10 12
133 50	13 35	1 33 5	10 16
134 »	13 40	1 34	10 20
134 50	13 45	1 34 5	10 23
135 »	13 50	1 35	10 27
135 50	13 55	1 35 5	10 30
136 »	13 60	1 36	10 34
136 50	13 65	1 36 5	10 38
137 »	13 70	1 37	10 42
137 50	13 75	1 37 5	10 46
138 »	13 80	1 38	10 50
138 50	13 85	1 38 5	10 53
139 »	13 90	1 39	10 57
139 50	13 95	1 39 5	10 60

PRIX de l'hectolitre.		PRIX du décalitre.		PRIX du litre.		PRIX de la velte.	
fr.	c.	fr.	c.	fr.	c.	fr.	c.
140	»	14	»	1	40	10	64
140	50	14	05	1	40 5	10	68
141	»	14	10	1	41	10	72
141	50	14	15	1	41 5	10	76
142	»	14	20	1	42	10	80
142	50	14	25	1	42 5	10	84
143	»	14	30	1	43	10	87
143	50	14	35	1	43 5	10	90
144	»	14	40	1	44	10	94
144	50	14	45	1	44 5	10	98
145	»	14	50	1	45	11	02
145	50	14	55	1	45 5	11	06
146	»	14	60	1	46	11	10
146	50	14	65	1	46 5	11	14
147	»	14	70	1	47	11	18
147	50	14	75	1	47 5	11	22
148	»	14	80	1	48	11	26
148	50	14	85	1	48 5	11	30
149	»	14	90	1	49	11	34
149	50	14	95	1	49 5	11	38
150	»	15	»	1	50	11	42
150	50	15	05	1	50 5	11	45
151	»	15	10	1	51	11	49
151	50	15	15	1	51 5	11	53
152	»	15	20	1	52	11	56
152	50	15	25	1	52 5	11	60
153	»	15	30	1	53	11	64
153	50	15	35	1	53 5	11	68
154	»	15	40	1	54	11	72
154	50	15	45	1	54 5	11	76
155	»	15	50	1	55	11	80
155	50	15	55	1	55 5	11	83
156	»	15	60	1	56	11	86
156	50	15	65	1	56 5	11	90
157	»	15	70	1	57	11	94
157	50	15	75	1	57 5	11	98
158	»	15	80	1	58	12	02
158	50	15	85	1	58 5	12	05

PRIX de l'hectolitre.		PRIX du décalitre.		PRIX du litre.		PRIX de la velte.	
fr.	c.	fr.	c.	fr.	c.	fr.	c.
159	»	15	90	1	59	12	09
159	50	15	95	1	59 5	12	13
160	»	16	»	1	60	12	16
160	50	16	05	1	60 5	12	20
161	»	16	10	1	61	12	24
161	50	16	15	1	61 5	12	28
162	»	16	20	1	62	12	32
162	50	16	25	1	62 5	12	36
163	»	16	30	1	63	12	40
163	50	16	35	1	63 5	12	44
164	»	16	40	1	64	12	48
164	50	16	45	1	64 5	12	51
165	»	16	50	1	65	12	55
165	50	16	55	1	65 5	12	59
166	»	16	60	1	66	12	62
166	50	16	65	1	66 5	12	66
167	»	16	70	1	67	12	70
167	50	16	75	1	67 5	12	74
168	»	16	80	1	68	12	78
168	50	16	85	1	68 5	12	82
169	»	16	90	1	69	12	86
169	50	16	95	1	69 5	12	89
170	»	17	»	1	70	12	92
170	50	17	05	1	70 5	12	96
171	»	17	10	1	71	13	»
171	50	17	15	1	71 5	13	04
172	»	17	20	1	72	13	08
172	50	17	25	1	72 5	13	12
173	»	17	30	1	73	13	15
173	50	17	35	1	73 5	13	18
174	»	17	40	1	74	13	22
174	50	17	45	1	74 5	13	26
175	»	17	50	1	75	13	30
175	50	17	55	1	75 5	13	34
176	»	17	60	1	76	13	38
176	50	17	65	1	76 5	13	42
177	»	17	70	1	77	13	46
177	50	17	75	1	77 5	13	50

PRIX de l'hectolitre.		PRIX du décalitre.		PRIX du litre.			PRIX de la velte.	
fr.	c.	fr.	c.	fr.	c.		fr.	c.
178	»	17	80	1	78		13	54
178	50	17	85	1	78	5	13	58
179	»	17	90	1	79		13	62
179	50	17	95	1	79	5	13	66
180	»	18	»	1	80		13	70
180	50	18	05	1	80	5	13	73
181	»	18	10	1	81		13	77
181	50	18	15	1	81	5	13	80
182	»	18	20	1	82		13	84
182	50	18	25	1	82	5	13	88
183	»	18	30	1	83		13	92
183	50	18	35	1	83	5	13	96
184	»	18	40	1	84		14	»
184	50	18	45	1	84	5	14	04
185	»	18	50	1	85		14	08
185	50	18	55	1	85	5	14	12
186	»	18	60	1	86		14	16
186	50	18	65	1	86	5	14	20
187	»	18	70	1	87		14	23
187	50	18	75	1	87	5	14	26
188	»	18	80	1	88		14	30
188	50	18	85	1	88	5	14	34
189	»	18	90	1	89		14	38
189	50	18	95	1	89	5	14	42
190	»	19	»	1	90		14	46
190	50	19	05	1	90	5	14	50
191	»	19	10	1	91		14	53
191	50	19	15	1	91	5	14	57
192	»	19	20	1	92		14	60
192	50	19	25	1	92	5	14	64
193	»	19	30	1	93		14	68
193	50	19	35	1	93	5	14	72
194	»	19	40	1	94		14	76
194	50	19	45	1	94	5	14	80
195	»	19	50	1	95		14	83
195	50	19	55	1	95	5	14	87
196	»	19	60	1	96		14	90
196	50	19	65	1	96	5	14	95

PRIX de l'hectolitre.		PRIX du décalitre.		PRIX du litre.		PRIX de la velte.	
fr.	c.	fr.	c.	fr.	c.	fr.	c.
197	»	19	70	1	97	14	99
197	50	19	75	1	97 5	15	02
198	»	19	80	1	98	15	06
198	50	19	85	1	98 5	15	10
199	»	19	90	1	99	15	14
199	50	19	95	1	99 5	15	18
200	»	20	»	2	00	15	22
200	50	20	05	2	00 5	15	25
201	»	20	10	2	01	15	29
201	50	20	15	2	01 5	15	33
202	»	20	20	2	02	15	37
202	50	20	25	2	02 5	15	41
203	»	20	30	2	03	15	44
203	50	20	35	2	03 5	15	48
204	»	20	40	2	04	15	52
204	50	20	45	2	04 5	15	56
205	»	20	50	2	05	15	60
205	50	20	55	2	05 5	15	63
206	»	20	60	2	06	15	67
206	50	20	65	2	06 5	15	71
207	»	20	70	2	07	15	75
207	50	20	75	2	07 5	15	79
208	»	20	80	2	08	15	82
208	50	20	85	2	08 5	15	86
209	»	20	90	2	09	15	90
209	50	20	95	2	09 5	15	94
210	»	21	»	2	10	16	97
210	50	21	05	2	10 5	16	01
211	»	21	10	2	11	16	05
211	50	21	15	2	11 5	16	09
212	»	21	20	2	12	16	13
212	50	21	25	2	12 5	16	16
213	»	21	30	2	13	16	20
213	50	21	35	2	13 5	16	24
214	»	21	40	2	14	16	28
214	50	21	45	2	14 5	16	32
215	»	21	50	2	15	16	36
215	50	21	55	2	15 5	16	39

PRIX de l'hectolitre.		PRIX du décalitre.		PRIX du litre.		PRIX de la velte.	
fr.	c.	fr.	c.	fr.	c.	fr.	c.
216	»	21	60	2	16	16	43
216	50	21	65	2	16 5	16	47
217	»	21	70	2	17	16	51
217	50	21	75	2	17 5	16	55
218	»	21	80	2	18	16	58
218	50	21	85	2	18 5	16	62
219	»	21	90	2	19	16	66
219	50	21	95	2	19 5	16	70
220	»	22	»	2	20	16	74
220	50	22	05	2	20 5	16	77
221	»	22	10	2	21	16	81
221	50	22	15	2	21 5	16	85
222	»	22	20	2	22	16	89
222	50	22	25	2	22 5	16	93
223	»	22	30	2	23	16	96
223	50	22	35	2	23 5	17	»
224	»	22	40	2	24	17	04
224	50	22	45	2	24 5	17	08
225	»	22	50	2	25	17	12
225	50	22	55	2	25 5	17	15
226	»	22	60	2	26	17	19
226	50	22	65	2	26 5	17	23
227	»	22	70	2	27	17	27
227	50	22	75	2	27 5	17	31
228	»	22	80	2	28	17	34
228	50	22	85	2	28 5	17	38
229	»	22	90	2	29	17	42
229	50	22	95	2	29 5	17	46
230	»	23	»	2	30	17	50
230	50	23	05	2	30 5	17	54
231	»	23	10	2	31	17	57
231	50	23	15	2	31 5	17	61
232	»	23	20	2	32	17	65
232	50	23	25	2	32 5	17	69
233	»	23	30	2	33	17	73
233	50	23	35	2	33 5	17	76
234	»	23	40	2	34	17	80
234	50	23	45	2	34 5	17	84

PRIX de l'hectolitre.		PRIX du décalitre.		PRIX du litre.		PRIX de la velte.	
fr.	c.	fr.	c.	fr.	c.	fr.	c.
235	»	23	50	2	35	17	88
235	50	23	55	2	35 5	17	92
236	»	23	60	2	36	17	95
236	50	23	65	2	36 5	17	99
237	»	23	70	2	37	18	03
237	50	23	75	2	37 5	18	07
238	»	23	80	2	38	18	11
238	50	23	85	2	38 5	18	14
239	»	23	90	2	39	18	18
239	50	23	95	2	39 5	18	22
240	»	24	»	2	40	18	26
240	50	24	05	2	40 5	18	30
241	»	24	10	2	41	18	33
241	50	24	15	2	41 5	18	37
242	»	24	20	2	42	18	41
242	50	24	25	2	42 5	18	45
243	»	24	30	2	43	18	49
243	50	24	35	2	43 5	18	52
244	»	24	40	2	44	18	56
244	50	24	45	2	44 5	18	60
245	»	24	50	2	45	18	64
245	50	24	55	2	45 5	18	68
246	»	24	60	2	46	18	71
246	50	24	65	2	46 5	18	75
247	»	24	70	2	47	18	79
247	50	24	75	2	47 5	18	83
248	»	24	80	2	48	18	87
248	50	24	85	2	48 5	18	90
249	»	24	90	2	49	18	94
249	50	24	95	2	49 5	18	98
250	»	25	»	2	50	19	02
250	50	25	05	2	50 5	19	06
251	»	25	10	2	51	19	09
251	50	25	15	2	51 5	19	13
252	»	25	20	2	52	19	17
252	50	25	25	2	52 5	19	21
253	»	25	30	2	53	19	25
253	50	25	35	2	53 5	19	28

PRIX de l'hectolitre.		PRIX du décalitre.		PRIX du litre.		PRIX de la velte.	
fr.	c.	fr.		fr.	c.	fr.	c.
254	»	25	40	2	54	19	32
254	50	25	45	2	54 5	19	36
255	»	25	50	2	55	19	40
255	50	25	55	2	55 5	19	44
256	»	25	60	2	56	19	47
256	50	25	65	2	56 5	19	51
257	»	25	70	2	57	19	55
257	50	25	75	2	57 5	19	59
258	»	25	80	2	58	19	63
258	50	25	85	2	58 5	19	66
259	»	25	90	2	59	19	70
259	50	25	95	2	59 5	19	74
260	»	26	»	2	60	19	78
260	50	26	05	2	60 5	19	82
261	»	26	10	2	61	19	85
261	50	26	15	2	61 5	19	89
262	»	26	20	2	62	19	93
262	50	26	25	2	62 5	19	97
263	»	26	30	2	63	20	01
263	50	26	35	2	63 5	20	04
264	»	26	40	2	64	20	07
264	50	26	45	2	64 5	20	11
265	»	26	50	2	65	20	15
265	50	26	55	2	65 5	20	19
266	»	26	60	2	66	20	22
266	50	26	65	2	66 5	20	26
267	»	26	70	2	67	20	30
267	50	26	75	2	67 5	20	34
268	»	26	80	2	68	20	38
268	50	26	85	2	68 5	20	41
269	»	26	90	2	69	20	45
269	50	26	95	2	69 5	20	49
270	»	27	»	2	70	20	54
270	50	27	05	2	70 5	20	58
271	»	27	10	2	71	20	61
271	50	27	15	2	71 5	20	65
272	»	27	20	2	72	2	69
272	50	27	25	2	72 5	20	73

PRIX de l'hectolitre.	PRIX du décalitre.	PRIX du litre.	PRIX de la velte.
fr. c.	fr. c.	fr. c.	fr. c.
273 »	27 30	2 73	20 77
273 50	27 35	2 73 5	20 80
274 »	27 40	2 74	20 84
274 50	27 45	2 74 5	20 88
275 »	27 50	2 75	20 92
275 50	27 55	2 75 5	20 96
276 »	27 60	2 76	21 »
376 50	27 65	2 76 5	21 03
277 »	27 70	2 77	21 07
277 50	27 75	2 77 5	21 11
278 »	27 80	2 78	21 15
278 50	27 85	2 78 5	21 19
279 »	27 90	2 79	21 23
279 50	27 95	2 79 5	21 26
280 »	28 »	2 80	21 30
280 50	28 05	2 80 5	21 34
281 »	28 10	2 81	21 38
281 50	28 15	2 81 5	21 42
282 »	28 20	2 82	21 45
282 50	28 25	2 82 5	21 49
283 »	28 30	2 83	21 53
283 50	28 35	2 83 5	21 57
284 »	28 40	2 84	21 61
284 50	28 45	2 84 5	21 64
285 »	28 50	2 85	21 68
285 50	28 55	2 85 5	21 72
286 »	28 60	2 86	21 76
286 50	28 65	2 86 5	21 80
287 »	28 70	2 87	21 83
287 50	28 75	2 87 5	21 87
288 »	28 80	2 88	21 91
288 50	28 85	2 88 5	21 95
289 »	28 90	2 89	21 99
289 50	28 95	2 89 5	22 02
290 »	29 »	2 90	22 06
290 50	29 05	2 90 5	22 10
291 »	29 10	2 91	22 14
291 50	29 15	2 91 5	22 18

PRIX de l'hectolitre.		PRIX du décalitre.		PRIX du litre.		PRIX de la velte.	
fr.	c.	fr.	c.	fr.	c.	fr.	c.
292	»	29	20	2	92	22	22
292	50	29	25	2	92 5	22	25
293	»	29	30	2	93	22	29
293	50	29	35	2	93 5	22	33
294	»	29	40	2	94	22	37
294	50	29	45	2	94 5	22	41
295	»	29	50	2	95	22	44
295	50	29	55	2	95 5	22	48
296	»	29	60	2	96	22	52
296	50	29	65	2	96 5	22	56
297	»	29	70	2	97	22	60
297	50	29	75	2	97 5	22	63
298	»	29	80	2	98	22	67
298	50	29	85	2	98 5	22	71
299	»	29	90	2	99	22	75
299	50	29	95	2	99 5	22	79
300	»	30	»	3	00	22	83
300	50	30	05	3	00 5	22	87
301	»	30	10	3	01	22	90
301	50	30	15	3	01 5	22	94
302	»	30	20	3	02	22	98
302	50	30	25	3	02 5	23	02
303	»	30	30	3	03	23	06
303	50	30	35	3	03 5	23	09
304	»	30	40	3	04	23	13
304	50	30	45	3	04 5	23	17
305	»	30	50	3	05	23	21
305	50	30	55	3	05 5	23	25
306	»	30	60	3	06	23	28
306	50	30	65	3	06 5	23	32
307	»	30	70	3	07	23	36
307	50	30	75	3	07 5	23	40
308	»	30	80	3	08	23	44
308	50	30	85	3	08 5	23	47
309	»	30	90	3	09	23	51
309	50	30	95	3	09 5	23	55
310	»	31	»	3	10	23	59
310	50	31	05	3	10 5	23	63

PRIX de l'hectolitre.		PRIX du décalitre.		PRIX du litre.		PRIX de la velte.	
fr.	c.	fr.	c.	fr.	c.	fr.	c.
311	»	31	10	3	11	23	66
311	50	31	15	3	11 5	23	70
312	»	31	20	3	12	23	74
312	50	31	25	3	12 5	23	78
313	»	31	30	3	13	23	82
313	50	31	35	3	13 5	23	85
314	»	31	40	3	14	23	89
314	50	31	45	3	14 5	23	93
315	»	31	50	3	15	23	96
315	50	31	55	3	15 5	24	»
316	»	31	60	3	16	24	04
316	50	31	65	3	16 5	24	08
317	»	31	70	3	17	24	12
317	50	31	75	3	17 5	24	15
318	»	31	80	3	18	24	19
318	50	31	85	3	18 5	24	23
319	»	31	90	3	19	24	27
319	50	31	95	3	19 5	24	31
320	»	32	»	3	20	24	34
320	50	32	05	3	20 5	24	38
321	»	32	10	3	21	24	42
321	50	32	15	3	21 5	24	46
322	»	32	20	3	22	24	50
322	50	32	25	3	22 5	24	54
323	»	32	30	3	23	24	57
323	50	32	35	3	23 5	24	61
324	»	32	40	3	24	24	65
324	50	32	45	3	24 5	24	69
325	»	32	50	3	25	24	73
325	50	32	55	3	25 5	24	76
326	»	32	60	3	26	24	80
326	50	32	65	3	26 5	24	84
327	»	32	70	3	27	24	88
327	50	32	75	3	27 5	24	92
328	»	32	80	3	28	24	95
328	50	32	85	3	28 5	24	99
329	»	32	90	3	29	25	03
329	50	32	95	3	29 5	25	07

PRIX de l'hectolitre.		PRIX du décalitre.		PRIX du litre.		PRIX de la velte.	
fr.	c.	fr.	c.	fr.	c.	fr.	c.
330	»	33	»	3	30	25	11
330	50	33	05	3	30 5	25	14
331	»	33	10	3	31	25	18
331	50	33	15	3	31 5	25	22
332	»	33	20	3	32	25	26
332	50	33	25	3	32 5	25	30
333	»	33	30	3	33	25	33
333	50	33	35	3	33 5	25	37
334	»	33	40	3	34	25	41
334	50	33	45	3	34 5	25	45
335	»	33	50	3	35	25	49
335	50	33	55	3	35 5	25	52
336	»	33	60	3	36	25	56
336	50	33	65	3	36 5	25	60
337	»	33	70	3	37	25	64
337	50	33	75	3	37 5	25	68
338	»	33	80	3	38	25	71
338	50	33	85	3	38 5	25	75
339	»	33	90	3	39	25	79
339	50	33	95	3	39 5	25	83
340	»	34	»	3	40	25	87
340	50	34	05	3	40 5	25	90
341	»	34	10	3	41	25	94
341	50	34	15	3	41 5	25	98
342	»	34	20	3	42	26	02
342	50	34	25	3	42 5	26	06
343	»	34	30	3	43	26	09
343	50	34	35	3	43 5	26	13
344	»	34	40	3	44	26	17
344	50	34	45	3	44 5	26	21
345	»	34	50	3	45	26	25
345	50	34	55	3	45 5	26	28
346	»	34	60	3	46	26	32
346	50	34	65	3	46 5	26	36
347	»	34	70	3	47	26	40
247	50	34	75	3	47 5	26	44
348	»	34	80	3	48	26	47
348	50	34	85	3	48 5	26	51

PRIX de l'hectolitre.		PRIX du décalitre.		PRIX du litre.		PRIX de la velte.	
fr.	c.	fr.	c.	fr.	c.	fr.	c.
349	»	34	90	3	49	26	55
349	50	34	95	3	49 5	26	59
350	»	35	»	3	50	26	63
350	50	35	05	3	50 5	26	66
351	»	35	10	3	51	26	70
351	50	35	15	3	51 5	26	74
352	»	35	20	3	52	26	78
352	50	35	25	3	52 5	26	82
353	»	35	30	3	53	26	85
353	50	35	35	3	53 5	26	89
354	»	35	40	3	54	26	93
354	50	35	45	3	54 5	26	97
355	»	35	50	3	55	27	01
355	50	35	55	3	55 5	27	04
356	»	35	60	3	56	27	07
356	50	35	65	3	56 5	27	11
357	»	35	70	3	57	27	15
357	50	35	75	3	57 5	27	19
358	»	35	80	3	58	27	22
358	50	35	85	3	58 5	27	26
359	»	35	90	3	59	27	30
359	50	35	95	3	59 5	27	34
360	»	36	»	3	60	27	38
360	50	36	05	3	60 5	27	41
361	»	36	10	3	61	27	45
361	50	36	15	3	61 5	27	49
362	»	36	20	3	62	27	54
362	50	36	25	3	62 5	27	58
363	»	36	30	3	63	27	61
363	50	36	35	3	63 5	27	65
364	»	36	40	3	64	27	69
364	50	36	45	3	64 5	27	73
365	»	36	50	3	65	27	77
365	50	36	55	3	65 5	27	80
366	»	36	60	3	66	27	84
366	50	36	65	3	66 5	27	88
367	»	36	70	3	67	27	92
367	50	36	75	3	67 5	27	96

PRIX de l'hectolitre.		PRIX du décalitre.		PRIX du litre.		PRIX de la velte.	
fr.	c.	fr.		fr.	c.	fr.	c.
368	»	36	80	3	68	28	»
368	50	36	85	3	68 5	28	03
369	»	36	90	3	69	28	07
369	50	36	95	3	69 5	28	11
370	»	37	»	3	70	28	15
370	50	37	05	3	70 5	28	19
371	»	37	10	3	71	28	23
371	50	37	15	3	71 5	28	26
372	»	37	20	3	72	28	30
372	50	37	25	3	72 5	28	34
373	»	37	30	3	73	28	38
373	50	37	35	3	73 5	28	42
374	»	37	40	3	74	28	45
374	50	37	45	3	74 5	28	49
375	»	37	50	3	75	28	53
375	50	37	55	3	75 5	28	57
376	»	37	60	3	76	28	61
376	50	37	65	3	76 5	28	64
377	»	37	70	3	77	28	67
377	50	37	75	3	77 5	28	72
378	»	37	80	3	78	28	76
378	50	37	85	3	78 5	28	80
379	»	37	90	3	79	28	83
379	50	37	95	3	79 5	28	87
380	»	38	»	3	80	28	91
380	50	38	05	3	80 5	28	95
381	»	38	10	3	81	28	99
381	50	38	15	3	81 5	29	02
382	»	38	20	3	82	29	07
382	50	38	25	3	82 5	29	11
383	»	38	30	3	83	29	14
383	50	38	35	3	83 5	29	18
384	»	38	40	3	84	29	22
384	50	38	45	3	84 5	29	26
385	»	38	50	3	85	29	30
385	50	38	55	3	85 5	29	33
386	»	38	60	3	86	29	37
386	50	38	65	3	86 5	29	41

PRIX de l'hectolitre.		PRIX du décalitre.		PRIX du litre.		PRIX de la velte.	
fr.	c.	fr.	c.	fr.	c.	fr.	c.
387	»	38	70	3	87	29	45
387	50	38	75	3	87 5	29	49
388	»	38	80	3	88	29	52
388	50	38	85	3	88 5	29	56
389	»	38	90	3	89	29	60
389	50	38	95	3	89 5	29	64
390	»	39	»	3	90	29	68
390	50	39	05	3	90 5	29	71
391	»	39	10	3	91	29	75
391	50	39	15	3	91 5	29	79
392	»	39	20	3	92	29	83
392	50	39	25	3	92 5	29	87
393	»	39	30	3	93	29	90
393	50	39	35	3	93 5	29	94
394	»	39	40	3	94	29	98
394	50	39	45	3	94 5	30	02
395	»	39	50	3	95	30	05
395	50	39	55	3	95 5	30	09
396	»	39	60	3	96	30	13
396	50	39	65	3	96 5	30	17
397	»	39	70	3	97	30	21
397	50	39	75	3	97 5	30	25
398	»	39	80	3	98	30	28
398	50	39	85	3	98 5	30	32
399	»	39	90	3	99	30	36
399	50	39	95	3	99 5	30	40
400	»	40	»	4	»	30	44

Modes d'expédition des boissons en général, pour la banlieue et les départements.

1° Lorsqu'on expédie les boissons à un entrepositaire d'un pays quelconque, on prend un acquit à caution de 25 centimes, et le destinataire qui jouit de l'entrepôt n'a aucun droit à payer.

2° Lorsqu'on expédie des *vins* à un débitant *exercé*, on ne peut lui en envoyer moins de 100 litres en cercle et 25 litres en bouteilles, et pour un débitant *abonné*, on peut en envoyer une quantité quelconque, on prend toujours un acquit à caution de 25 centimes, et le voiturier paye les droits d'entrée et d'octroi à l'arrivée.

3° Pour les *vins* qu'on expédie dans la banlieue de Paris pour un simple consommateur, on prend un congé pour lequel on paye le droit de circulation, qui est de 1 franc par hectolitre, plus le décime. Lorsqu'on expédie moins d'un hectolitre de vin à un simple consommateur, on paye le droit de détail à l'enlèvement, suivant un prix moyen fixé par l'administration, qui varie tous les ans suivant la valeur des vins et que l'on peut évaluer à environ 5 centimes par litre.

4° Lorsqu'on envoie de l'*esprit* ou de l'*eau-de-vie* dans la banlieue à un débitant *exercé*, le vendeur est obligé à l'enlèvement et de payer les droits de banlieue, se montant à 26 francs par hectolitre d'alcool pur, et à l'arrivée, le voiturier, avant l'introduction des boissons, est tenu d'acquitter les droits d'entrée et d'octroi au bureau de la régie avant leur déchargement.

A un débitant *ordinaire*, on ne peut expédier moins de 100 litres en cercle ; et en bouteilles, quelle qu'en soit la quantité ; pour les liqueurs, on peut expédier la quantité que l'on veut en cercle et en bouteilles.

A un débitant *autorisé*, on peut expédier 20 litres et au-dessus en cercle, et la quantité que l'on veut en bouteilles ; mais alors il faut représenter l'autorisation au bureau de la régie.

A un débitant *rédimé*, on peut expédier toutes sortes de quantités.

Pour l'eau-de-vie expédiée à un simple consommateur de la banlieue, on prend également un congé pour lequel on paye le droit de consommation, qui est de 34 francs par hectolitre d'alcool pur, plus le décime, et en outre le droit de banlieue, qui est de 26 francs.

Dans toutes les expéditions de boissons pour les départements à un entrepositaire ou débitant, on ne prend jamais qu'un acquit à caution.

A Paris, l'hectolitre de vin en cercle paye…………			20 fr.	60
dont : pour le trésor public……………	8 fr.	»		
pour l'octroi……………………	10	»		
plus un double dixième pour le trésor… et un dixième seulement pour l'octroi…	2	60	20	60
L'hectolitre de vin en bouteille paye………………			30 fr.	»
dont : pour le trésor public……………	8 fr.	»		
pour l'octroi……………………	17	»		
plus un double dixième pour chaque droit.	5	»	30	»
L'hectolitre d'esprit pur paye……………………			107 fr.	40
dont : pour le trésor public……………	66 fr.	»		
pour l'octroi……………………	23	50		
plus un double dixième pour chaque droit.	17	90	107	40

Contenance des fûts.

Quart muid Bourgogne.................	0^{h},68
Quart Mâcon.........................	1 ,06
Quart Pouilly et Sancerre...............	1 ,05
Quart Orléans, Beaune................	1 ,14
Quart Touraine et Vouvray.............	1 ,26
Feuillette Bourgogne..................	1 ,36
Pièce Mâcon.........................	2 ,12
Id. Bordeaux......................	2 ,20
Id. Pouilly et Sancerre..............	2 ,20
Id. Anjou	2 ,30
Id. Blois.........................	2 ,36
Id. Orléans et Gâtinaise.............	2 ,30
Id. Touraine et Cher................	2 ,44
Id. Vouvray......................	2 ,48
Id. Lachaise, Beaune et Châlans.......	2 ,28
Id. Chinon et Nantaise...............	2 ,26
Id. Riceys et Gros-Bar..............	2 ,30

Nota. Ces contenances ne sont qu'approximatives et à quelques litres près en plus ou en moins, selon l'épaisseur des bois, la courbure et la largeur des douves, etc., conditions qu'il est impossible à l'ouvrier d'assigner exactement.

www.ingramcontent.com/pod-product-compliance
Ingram Content Group UK Ltd.
Pitfield, Milton Keynes, MK11 3LW, UK
UKHW022120260726
13993UKWH00003B/1142